本丛书得到何东先生独资赞助

This series of books is financially supported exclusively by Mr. Eric Hotung.

20世纪中国文物考古发现与研究丛书

冶金考古

李京华／著

文物出版社

一 河南偃师二里头夏代
　　遗址出土铜爵

二 江西新干大洋洲商代
　　遗址出土铜方卣

三　河南郑州商城遗址
　　出土铜方鼎

四　湖北随州曾侯乙墓
　　出土铜尊盘

五　湖北铜绿山东周铜矿冶遗址采掘网

六　河南南阳宛城汉代遗址
　　东出土铁镜

七　河南渑池魏晋南北
　　朝遗址出土双柄犁
　　铁范

20 世纪中国文物考古发现与研究丛书

序 / 张文彬

俗称"锄头考古学"的田野考古学的诞生以及中国考古学学科体系的基本完善，由此而引起的古物鉴玩观赏著录向科学的文物学的转变，是 20 世纪中国学术与文化界的大事。它从材料与方法两个方面彻底刷新了持续了数千年之久的中国古代史学传统，不但为中国学术界和文化界开拓出更加广阔的研究天地，也为一切关心中华民族悠久历史和灿烂文明的人们不断地提供了可贵的精神滋养和力量源泉。

仰古、述古、探古，进而考古，向来为我国传统文化中一个明显的学术特点。先秦时期诸子百家发其端，汉代司马迁撰写《史记》，北魏郦道元作注《水经》。他们对相关的遗迹遗物，尽可能地做到亲自考察和调查，既能辨史又可补史。这种寻根追源的治学态度，为后世学术上的探古、考古树立了榜样。此后，山河间的访古和书斋式的究古相继开展，特别是对古器物的研究，成了唐、宋时期的文化时尚。不少学者热衷于青铜铭文、碑刻、陶文、印章等古文字的考释，进而有了对器物的辨伪鉴定、时代判断、分类命名等，逐渐兴起了一门新的学问——金石学，涌现出许多著名的古器物鉴赏家和收藏家。只是囿于当时的历史条件，金石学家们无法了解所见文物的出土地点和情况，也难以涉及史前时代漫长的演进历程，因而长期以来始终脱离不了考证文字和证经补史的窠臼。即使如此，他们的艰辛努力和取得的成绩，还是为推动我国传统文化的发展起到了积极作用，并且在事实上也为中国考古学和中国文物学的起步铺设了最早的一段道路。

20世纪初，近代考古学由西方传入。中国学者继承金石学的研究成果，学习并运用西方考古学方法，开始从事田野考古，通过历史物质文化遗存，探寻和认识古代社会，揭示人类社会发展规律。早在1926年，中国学者就自行主持山西南部汾河流域的调查和夏县西阴村史前遗址的发掘。随后，我国学者同美国研究机构合作，有计划地发掘周口店遗址，发现了北京猿人。从1928年起至1937年，连续十五次发掘安阳殷墟遗址，取得了较大收获，引起了国内外学术界的重视。自20世纪50年代以后，随着国家大规模经济建设的进行，田野考古勘探、调查和科学发掘工作在全国范围内蓬勃有序地开展，许多重要的典型遗址和墓地被揭露出来，重大发现举世瞩目。它们脉络清晰，层位分明，文化相连，不仅弥补了某些地域上的空白，而且衔接了年代上的缺环，为研究中国古代史、文化史、科学史以及其他学科领域，提供了珍贵、丰富的实物资料，极大地影响着人文社会科学诸多学科专业的研究与发展。这段时间被学术界称为中国考古学的黄金时代。在马列主义理论指导下，具有中国特色的考古学理论体系和方法论逐渐形成。有关研究成果不仅极大地改变和丰富了人们对中国文明起源、中国古史发展等重大问题的认识，同时也扩展了中国文物的研究领域和研究方式。可以说，考古学的发展与进步，直接影响到文物学的形成与发展，而且影响到全社会对文化遗产重要作用的认识以及世界学术界对中国古代文明的重新认识。

从20世纪80年代开始，文物界就中国文物学的创立，逐渐取得共识，在共同探讨的基础上，初步形成了学科体系。不少学者发表了有关论文，出版了专著，就文物的历史价值、科学价值、艺术价值以及在社会主义的物质文明与精神文明建设中如何对文物进行有效保护、合理利用发表意见。这些研究成果已获得学术界的赞同。

在这世纪之交和千年更替之际，对中国考古学和中国文物事业作一次世纪性的回顾和反思，给予科学的总结，是许多学者正在思考和研究的问题。如果能通过梳理20世纪以来重大发现和研究成果，透视学科自身成长的历程，从而展望未来发展的方向，以激励后来者继续攀登科学高峰，无疑是一件很有意义的事。为此，经过酝酿、商讨和广泛征求意见，我们约请一批学者（其中有相当多的中青年学者）就自己的专长选择一个专题，独立成篇，由文物出版社编辑出版一套《20世纪中国文物考古发现与研究丛书》，并以此作为向新世纪的献礼。

从某种意义上说，《20世纪中国文物考古发现与研究丛书》是一套学科发展史和学术研究史丛书。其内容包括对20世纪考古与文物工作概况的综合阐述；对一些重要的考古学文化和古代区域文化研究情况的叙述；对文物考古的专题研究；对重要的文物考古发现、发掘及研究的个例纪实。

此套丛书的内容面广，而且彼此关联。考虑到各选题在某些内容上难免会有重叠或复述，因此在编撰之初，我们要求各选题之间互有侧重，彼此补充，以期为读者了解 20 世纪中国考古学和文物学的发展提供更多的视角。

我国的文物与考古工作，虽在 20 世纪得到了迅速发展，但仍有许多重大学术问题需要进一步探索。我们主持编辑这套丛书，除了强调材料真实，考释有据，写作态度严谨求实外，也不回避以往在工作或研究上曾经产生的纰漏差错和不足之处，以便为今后的工作和研究提供借鉴。虽然我们尽了很大努力，但限于水平，各篇仍很难整齐划一。由于组稿和作者方面的困难和变化，一些计划之中的题目也未能成书。这些不周之处，敬请专家、学者和广大读者批评指正。

在丛书编印过程中，我们得到了文物、考古界的广泛支持。何东先生在出版经费上给予了热情帮助。在此，一并深表感谢。

2000 年 6 月于北京

目　　录

插 图 目 录

前言

铜——人类发展进程中的第二块里程碑。

铁——人类发展进程中的第三块里程碑。

"铁,农之本"是汉代人以"民以食为天"观念为基础对铁的认识;钢铁产量多少和质量高低成为衡量一个国家富强与否的标志则是近现代人对铁的认识。

人类创造了物质,物质又推动了人类的进步和发展。其中最为典型的代表就是石器、铜器和铁器。这种思想不仅在《尚书》、《考工记》、《管子》、《越绝书》等古文献中体现出来,更在中国冶金考古成果中得到证实。

由石器时代转向金属时代,火是一个重要因素。只有有了火,才能创造出制陶业;只有有了陶窑,才会创造出冶铜的炼炉和熔炉。

中国是世界上发明金属的四大古国之一。在金属的使用过程中,以中国的发展速度最快。这个与西方的显著差别是由古代创造的冶金技术的先进与否造成的。

中国的冶金考古学是最为年轻的分支学科。虽然其在20世纪40年代以前曾于金石学中有初步研究,但因为局限过多而成果甚微。真正意义上的冶金考古学是50年代中期与中国社会主义建设的第一个五年计划同步发展并逐渐形成的。

冶金考古学是跨越社会科学和自然科学的考古分支学科。从金属文物的管理、冶金考古的调查与发展研究来看,它确属于社会科学;然而其研究的过程、方法和手段,则属于自然科学。两个学科研究人员长期的互相学习,使中国古代冶金技术的研究有了长足的进步和发展。

50 年代中期以来，在全国范围内开展多次文物普查和配合基本建设的发掘，发现了不少古代金属矿址、冶炼遗址、铸造锻造遗址及其有关遗物。同时，先后在河北、河南、山东、湖北、山西等省开展了专项的金属矿冶遗址的调查、考古发掘与研究，逐步实现了社会科学和自然科学相结合的金属考古学综合研究。之后，金属矿冶、铸造遗址的调查与发掘报告、分析研究报告和论文等也相继问世。

60 年代中期以后，两个学科的科学工作者开始联合进行研究。这使冶金考古工作进入新的历史阶段。许多新观点和新成果被提出或确认。关于中国古代冶金技术的独特性及其优于西方古老国家的特点的新认识，也是在这个时期逐渐明确和形成的。

一百多年前，丹麦考古学家汤姆森根据西方古老国家的技术史把人类发展史划分为石器时代、铜器时代和铁器时代。各个大的历史时期内又分成若干过渡性的小期。中国的相关情况如何？学界经过相当长时间的讨论，曾提出过多种分期意见。随着我国冶金考古工作的广泛开展和深入研究，现已基本搞清中国不同于西方的独特技术和新特点。中国在进入铜器时代以后，其发展速度大大超过西方古老国家的根本原因是由中国单生矿和多品位铜矿的特点决定的，即锌铜的黄铜、铅铜与锡铜的青铜、单生矿的红铜共同起源。

中国早期的制铜技术和制铁技术也与西方不同。从已发现的早期铜器看，基本都是小型的铸制品。何时发明了铸铜技术目前尚不清楚。中国铁器虽然也始于块炼，但在极短时间内就被"液态冶炼、液态铸造成型、固态脱碳"的技术所取代。总之，中国的铜、铁器制造基本是以铸造为主。这个特点在唐代以前的长时间内一直延续。

中国商周的青铜器，如司母戊方鼎、四羊尊、莲鹤方壶及后来发现的失蜡铸件的铜尊盘、铜禁和曾侯乙大型铜编钟群，在50年代以前曾被视为世界技术难题。通过两个学科的合作和60年代中期以来对考古发掘遗迹和遗物的复原研究，学界终于在80年代前半期逐渐解决了前述问题。研究结果显示出中国古代铸造技术优越于西方块炼技术的先进性和科学性。

青铜器"液态冶炼、液态铸造成型"快速制器技术的娴熟性和科学性很快被用于制造铁器。这使铁器制造得到了长足而快速的发展。通过对战国燕下都、赵都邯郸、韩魏新郑和登封、古西平冶铁遗址群及汉代河南郡"河一"和"河三"、南阳郡的"阳一"等许多作坊遗址的发掘与研究，可知当时冶铸技术的先进、铁器数量的众多和铁质的优良。这基本上回答了秦汉社会空前发展的根本动因。如果从战国算起，中国液态冶铁技术的出现要比西方国家提前十五个世纪左右。这也是中国冶金考古学新的突出贡献。

除铜、铁二金属之外，学界对金、银、铅的冶炼考古也做了大量的调查、发掘与研究工作，并取得了较多的科研成果。

一 中国古代金属矿开采遗址的发现与研究

中国的金属矿非常丰富。在不同金属氧化物的地带，有的氧化物成为黏土，有的则因氧化较轻而成为不同粒度的砂、碎石块等。

由于新石器时代烧陶业的兴盛和发展，用含有金属成分的黏土作成坯放进不同类型灶或窑的高温区烧，在不同的火焰区会烧成不同的陶色，久之便出现了不同颜色的陶和釉。而其中一些成颗粒的金属矿块，免不了要带入火灶或陶窑中，并烧成软化或熔化的金属块。这导致了找矿、采矿和冶金业的萌芽与产生。

中国金属矿遗址虽多，但建国前相关调查研究甚微，而从文献入手居多。真正从冶金考古技术史角度进行研究却是建国后近半个世纪的事情。

由于铜和铁对人类生活产生过重要影响，所以冶铜和冶铁成为古代主要的冶炼业，而且经调查发现的铜、铁矿冶遗址数量均超过其他金属遗址。

（一）金属矿开采的文献史料

古人很早就认识了铜、铁等金属矿，并开始从事开采和冶炼。《史记·封禅书》载："黄帝采首山铜，铸鼎于荆山下。"最早的矿字见于殷商的甲骨文"卄"[1]。另见于《禹贡》、

《周礼·职方氏》、《考工记》、《管子·地数篇》、《越绝书·越绝外传记宝剑》、《吴越春秋·阖闾内传》、《韩非子》、《吕氏春秋》、《左传》、《淮南子·氾论训》、《孟子》、《史记》、《山海经》、《盐铁论》和近代人章鸿钊的《古矿录》及各个地方的古今地方志等。如《山海经》载："铜之山凡十四处，其中山西五处、河南二处、陕西七处。"前述地点基本都位于中原的北部地区。同时，古人已渐次总结出一套识矿和找矿的经验。如《管子·地数篇》载："上有丹砂者，下有黄金；上有慈石者，下有铜、金；上有陵石者，下有铅、锡、赤铜；上有赭，下有铁。"《大冶县志》卷二载："每骤雨过后，有铜线如雪花小豆，点缀土石之上。""慈石"，即指磁铁矿，在湖北黄石地区及安徽铜陵和南陵地区上层均有铁帽层分布。《酉阳杂俎》又载："山上有姜，其下有铜金。"姜是一种植物。现在铜矿区特有的植物"铜矿草"（又名铜锈草、牙刷草）却与其不同。是否另有名称或与姜是同音字，目前尚不清楚。但这种植物也是古人找矿的线索之一。上述文献都是冶金考古研究的必备参考资料。

根据近现代地质学的研究成果，中国的铜资源以斑岩型矿、矽卡岩型矿和层状及层控型矿为主。分布的特点是广泛而又相对集中：绝大部分省、市、自治区都有铜矿，但主要分布于长江中下游有关省区和四川、云南、山西、甘肃等地。铜矿既有浅层矿更有露层矿，且在地面又有极少量的自然铜，所以较容易被人类冶炼和应用。铁的储量比铜矿丰富，但地面没有自然纯铁；铁的熔点比铜高，人类冶炼铁器的时代较晚。

经半个世纪的勘察发现，中国的铜、铁、金、银等矿基本都被古人开采过，并有古矿洞存在。这个现象也早被近代人所知。如章鸿钊在《古矿录·自叙》中说："而今之矿实犹是古之矿也……而古人已先知之得之，仍有待于后人之竟其功者，正复何限。"[2]足见古人识矿、采矿和冶炼水平的高超。

（二）铜矿遗址

中国早期小件铜器的发现地点较多，也非常分散。这些出土的铜器有可能是就地开采、铸器的。在不少出土之处未能发现矿冶遗址。尽管商周以前矿冶遗址的发现甚少，但其已被人们开采应该是肯定的。古代开采的基本都是浅层矿，只因后代在深采或扩采时往往将古采遗迹破坏而不易被发现。

从近半个世纪的考古成果来看，早期铜器及与铸铜有关遗物、铜矿冶遗址有两个大特点：一、公元前四千二百六十年至一千六百年以前（相当于夏代以前）的铜器及与铸铜有关实物的出土地点全部在黄河流域中部两岸。二、商周早期的铜矿冶遗址基本都位于长江两岸，虽然在山西中条山和内蒙古地区也有发现，但时代较晚。具体包括：长江中下游的湖北黄石、铁山和铜绿山、阳新，江西的瑞昌、德兴、九江和铅山，安徽的铜陵、南陵、贵池、繁昌、安庆、宣城，湖南的湘西麻阳，云南东川，广西北流铜石岭等遗址，统称为南方区；山西中条山区垣曲的铜锅、马蹄沟、店头，内蒙古地区等遗址，统称为北方区。在上述遗址中，经正规考古发掘与研究的有瑞昌遗址和铜绿山遗址。此二处遗址反映的采掘技术最为丰富，基本可以代表中国商周时期开采铜矿的技术成就。

1. 商周铜矿遗址

古代铜矿的发现虽然较多，但能确定为商周时代者为数甚少，仅有瑞昌、铜绿山等遗址。

江西瑞昌铜矿遗址位于瑞昌市夏板乡内，地势属丘陵地带。遗址周围有武山、丰山、城门山、丁家山等数处现代铜矿。此矿属于铜铁共生矿床，矿体厚 12～75 米，平均含铜品位大于 10%，最高达 11.73%。1964 年为江西西北地质大队发现，调查资料显示有多处"老窿"。1988 年修公路时又发现大量古矿井、木支护、采矿工具等[3]。采矿遗址呈椭圆形，东西长径 385 米，南北短径 190 米，集中范围约 7 万平方米。铁山西部是古代露天开采区，连山顶至西坡及铁山东北是古代地下开采区，为铜矿最富集的地带。考古发掘点也放在这一地区。

商代的矿井分布在发掘区的东南部，西周前期的矿井分布在发掘区的西北部。从井巷木支护结构型式看，其框架节点全是榫卯结构，与铜岭的完全不同，却与铜绿山的相同。由此推测，当地的支护技术可能由铜绿山传来。

矿迹有竖井、平巷、马头门等。商代竖井四十八眼，占总数的 47.5%。从出土的陶片和碳十四、支护工艺特征分析，同壁碗口接内撑式四十一眼为商代中期，同壁碗口接内撑加强式为商代晚期（图一）。商代平巷六条，占总数的 32%，其中碗口接半框架式支护巷道二条、碗口接架厢式支护巷道三条、开口贯通榫接架厢式支护巷道一条。据陶片和碳十四测定，前两种为商代中期，后一种为商代晚期。三种支护平巷，发掘长达 5.04 米仍未到头，足见其规模之大。马头门是竖井与巷道衔接处的结构。露天槽坑用于与竖井联合开拓，是一种边探矿边开拓方法的产物。商代工棚三处，属于窝棚建筑。P1 位于 T11 西南，是木、竹和草席结构。P6 位于 T2 的西北，此棚面

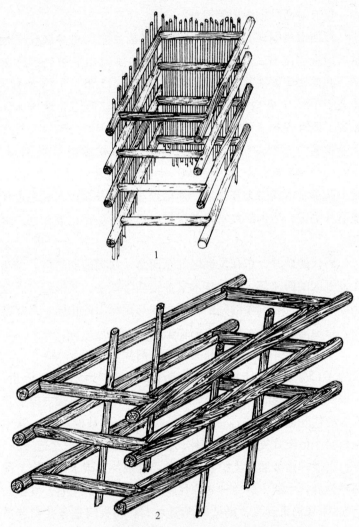

图一　江西瑞昌铜矿遗址商代竖井支护复原示意图

1. 商代竖井"同壁碗口接内撑式"支护复原示意图

2. 商代竖井"同壁碗口接内撑加强式"支护复原示意图

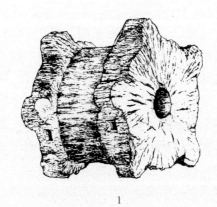

1

2

图二 江西瑞昌铜矿遗址出土木滑车复原与使用示意图

1. 木滑车复原图 2. 木滑车使用示意图

积最大。

遗物共计一百二十八件，有采掘、提升、装载、排水等采矿工具和生活用具。采矿工具六件，有铜锛、铜凿和工具的木柄等。提升工具二件，有木滑车（图二）一件、弓形木一件。装载工具二十二件，有木锨九件、木铲五件、木撮瓢五件、竹筐三件。排水工具五件，有木水槽四件、木桶一件。选矿工具四件，即淘沙盘。生活用具一百一十七件，有斝一件、鬲三十八件、罐二十一件、器盖一件。

湖北铜绿山铜矿冶遗址位于黄石市大冶县西 3 公里处，南北长 2 公里，东西宽 1 公里。在此范围内发现较多从商周到汉代的矿冶遗址。遗迹和遗物非常丰富，其中包括不少矿井及采矿用的工具和用具。矿址附近分布大面积的炼渣和冶炼遗迹，经碳十四测定可知，前期是春秋时代，后期是战国时代。并根据"河三"铁斧铭文判断，可延续至汉代[4]。

大面积发掘揭示，矿井主要集中在大理岩和火成岩的接触地带。在此地带内，铜矿非常富集，含铜品位较高，岩石也较碎，非常适合古代简单工具的开采。因为矿岩氧化过甚，在开采的过程中必须在巷道中设支护，保护采掘安全和顺利操作。在发掘过程中发现，使用圆木材制作成方形框架的井巷支护，确能承受巷外的压力。这不仅确保各种井巷的贯通，并使矿工能在 40～50 米深的井下掘取矿石。

前期支护特点：竖井框架已采用榫卯结构，互为连接。框架都是上下平行排列，在框架之间有的使用竹索固定而成为一体。在框架的外侧，使用木板、木棍、竹篾作为背板，用于防止围岩的土石崩塌，还利于通风。在平巷内的框架，是沿着掘进方向作横向排列的。两边各设一立柱，上下各制有圆柱形榫，可与上面的横梁、下面的地栿榫孔相接。在立柱的外面，也置有木棍等作为背板。在横梁的上边，采用木棍或平板铺成顶板。

晚期支护特点：与前期有所不同，竖井框架的支护设备是将圆木材的两端砍制成台阶状的搭口榫，用四根搭接成一副方框。整个框架的规格较前期为大，口径1.1~1.3米。平巷的框架同样不用榫卯法，改用主柱一端带有支叉的圆木作为立柱，将横梁两端放入支叉中。为防止主柱内倾，在横梁下面紧贴一根"内撑柱"。地栿的两端砍成台阶状搭口，立柱即可立在上面。

1979年，在Ⅶ号矿体1号点发掘中发现，接触带中的古矿井分布的十分密集。有的部位，矿井巷道纵横交错、层层叠压，说明古代矿工对于接触带的铜矿石曾竭力予以采掘利用。尤其值得注意的是，通过成组的井巷可看到矿工在矿体中采掘时开拓的采掘网。这不仅为探讨古代采掘工艺提供了具体的资料，还反映了当时采掘技术的高超。

古矿井巷中的排水设施，是用特制的木槽将井巷中的水引入储水坑或井内，再用木桶将水提升到地面。在水槽穿过竖井或巷道时，便在水槽上部覆盖一层薄板，变明槽为暗槽。此外，还专挖有小于采矿用巷道的排水巷道。

提升矿石和水完全使用人力进行。通过发掘所知，在后期的矿井中保存有木辘轳轴，长2.5米。它的两端砍削成较细的轴头，便于安装在辘轳架的柱头上，中部各有两排疏密不等的方形孔。这说明后期的采矿工作已使用辘轳做提升工具。并同时采用从盲井到平巷、再从平巷经竖井提升到地面的分段提升办法。

深井深巷还有通风的设施。当时主要是利用由于井口高低不平产生的气压差而形成的自然风流，同时结合关闭已废弃巷道的办法来控制，促使空气流向采掘的巷道内及其深部采掘工作面。

古代选矿除使用目力外，还采用类似"淘金斗"式的船形木斗工具来测定矿石中的含铜品位，以此决定采掘的方位。在采掘的过程中，有可能在井下就地分选矿石，将贫矿和废石填充废井和废巷之中，而将富矿提运到地面来，以期减轻提升和运矿的工作量。这说明古代矿工已积累了相当丰富的采选矿石的经验。

从春秋时期的矿井中出土了铜斧、铜锛、木铲、木槌、船形木斗、木瓢、竹篓、绳索等工具。战国时期及汉代的矿井中出土了铁质的锤、斧、钻、耙、锄等工具和竹筐、藤篓、木钩、辘轳等用具。这些工具多数用于采掘、装载、提升矿石，而木槽、木桶、木瓢则用于排水。此外还发现陶片、竹篮等，应是矿工们的生活用品。

对于古矿的掘进技术、支护结构、矿石提升等问题，杨永光、李根元、赵守忠、卢本珊、张柏春、刘诗中等都作了深入研究和复原工作，取得了丰硕成果。

下文将对各个时期矿迹和遗物的发掘情况予以分述。

西周时期的采矿区位于发掘区北部，井巷密集。采矿法同开拓竖井，而后转入平巷掘进，井巷联合开采。

西周矿迹有竖井、平巷、马头门和选矿场。竖井十五眼，占总数的 14.5%。其中尖头透卯榫内撑式一眼、平头单透卯榫串联套接式六眼、交替碗口接内撑式三眼、交替碗口接加强式一眼。后两式为西周晚期至春秋早期。平巷十条，占总数的

53%，均未发掘到头。厢架结构全是圆周截肩单榫单透卯式支护。马头门三处，见与 J28、X11、X13 相接部分。选矿场由引水沟、水溜槽、尾沙池、滤水台、水栏和选矿棚组成。

西周遗物共计一百零八件，分五类。采掘工具七件，有铜锛四件、铜钺一件、木锛二件。提升工具七件，有弓形木一件、木钩三件、绳索二股、木滑车一件。装载工具十六件，有木锹四件、木铲二件、木撮瓢二件、竹筐八件。

春秋时期的采矿区分布在整个发掘区域。

春秋矿迹有竖井、平巷、马头门、露天槽坑等。竖井三十七眼，占总数的 37.8%，均为交替碗口接内撑式。平巷三条，占总数的 17%，支护结构与前述的碗口接架厢式相同。不同点是顶棚和两帮用木板封闭，地栿较普遍，增强了安全系数。马头门仅见 J57 和 X17 底部。露天槽坑一个，比商代的结构先进，发掘长度 8.84 米，结构较好。工棚四处，除 P2、P5 为新建外，P3、P4 是利用废露采坑修建的，残存柱子和竹席。P2 保存较好。围栅南北向直线布局，南端向东弧形，残留有门。围栅内有复矿井、坑穴等遗迹，并与砍木场相邻。砍木场位于 P2 东北、M. A 西边，系木材加工厂。其中分布有大木墩、木屑堆、铜斧、残圆木、板块、竹席、原始瓷杯、陶鬲片等。

春秋遗物共计二百一十四件，分六类。采矿工具十四件，有铜锛四件、铜凿七件、木斧一件、木锛一件、石斧一件。装载工具六十六件，有木锹十三件、木铲七件、竹筐四十二件、木撮瓢三件、木扁担一件。提升工具九件，有木滑车四件、木钩四件、弓形木一件。排水工具三件，有葫芦瓢一件、木水槽二件。选矿工具四件，有淘沙木斗二件、木锤二件。生活用具一百一十六件，有鬲三十七件、罐五十八件、豆十一件、杯二件、器把四件、器盖三件、木臼一件。其他有木杆四件、束形板二件、齿形木二件、木墩一件、砺石三件、兽骨三件等。

战国时期的采矿区分布在发掘区东南部，遗迹和遗物均较少。

战国矿迹有形体较大的矿井和没有支护的水井。矿井支护是搭口式框架，发掘深 2.24 米。水井圆筒形，出木构一件，井口北有防滑的垫板。

战国遗物共计十八件。提升工具仅木构一件。生活用具有陶豆二件、陶罐残片十五件。

在发掘过程中，由矿冶界的学者和考古界的学者共同对古扬越人、铜矿性质、开采技术、溜槽选矿法的模拟实验研究、矿用桔槔和滑车的使用方法、使用地球物理方法勘探古铜矿井巷的应用研究、铜岭古铜料的去向、岩矿的鉴定、矿井中的木材鉴定等方面进行了多学科的专题研究[5]。

山西中条山区垣曲铜锅、马蹄沟、店头铜矿遗址中发现丰富的矿冶遗存。其中铜锅遗址在已开拓的 500 米长的平巷中掘出古巷道十余条之多。在平巷之下还有很大的古采区。遗址所在的土坡上遍布炼渣块。马蹄沟遗址处于长 20 米的洞中，地面有炼渣和陶片。店头遗址中有多条古井巷，也被现代采断。巷道内有木支护构架，据碳十四测定的年代为距今 2315±75 年，树轮校正的年代为距今 2325±85 年，属战国晚期。对铜锅和马蹄沟炼渣分析后可知，两处遗址都使用硫化铜矿物。

新疆奴拉赛东周铜矿遗址位于尼勒克县城南奴拉赛铜矿区，是采矿与冶炼相结合的遗址。有古矿井十余处，均沿矿脉分布，矿井皆塌陷。在一号矿体下 15 米处，有一深 30 米、宽 6 米、长 8 米的古采空区，已采地段约 50 米。此采空区内发现孔雀石，且洞壁上留有矿化砂粒层。洞底有采矿的石器、骨片和炭块。在石器中多为重约 1~5 公斤的石锤。二号矿体有多处凹槽，系古代的开采废坑。矿石经扫描电镜分析表明，有辉铜矿、黄铜矿、斑铜矿和黄铁矿及重晶石等，属品位较高的硫化矿石，砷含量低。

2. 汉代及以后铜矿遗址

汉代及以后的铜矿遗址虽然为数较多，但除安徽铜陵金牛洞铜矿遗址外，其他基本都经一般性调查而未作考古发掘。

安徽铜陵金牛洞铜矿遗址位于铜陵县新桥乡凤凰村，距铜陵市 34 公里。遗址为小山丘，产铜矿和铁矿。1984 年冬发掘面积 40 余平方米。遗址四周分布有凤凰山、药园山、虎形山和万迎山。

Ⅵ号矿体（东南段）矿床位于西北翼，属矽卡岩型。其在 36~38 勘探线上，距主接触带 350 米左右，呈"似板状"。矿体垂直剖面自上而下是铁帽、氧化矿、硫化矿三带，即地表（+60 米）至 +38 米为铁帽带，铁品位 49%；+38 至 -2 米（平均 +8 米）为氧化矿带；以下为硫化矿带。矿体矿石平均含铜量 1.06%，孔雀石呈放射状集合体产出。矿井内采集的五块矿石的含铜量多在 1.665~3.783% 之间，但个别高达 8.68%。考古情况表明，一般采挖到矿体垂直剖面的铁帽带之中，即原始地表（> +68.5 米）至 +47 米。

矿井的开拓和支护，仅残存距地表深 9~14 米的现代采坑壁上。西北壁为一号发掘点，西南壁为二号发掘点，两点相距 26 米。古人采用竖井、平巷、斜井等联合开拓法，井巷中的支护是木质框架式支撑。

一号发掘点位于Ⅵ号矿体的东界，斜剖面暴露矿井长 24

米，最深 18.5 米。保留的遗迹最为丰富，有竖井、斜井、平巷等。

竖井二口，编号为竖1、竖2，两者相距6米。因结构相同，仅以竖2为例。竖2残存北壁的中下部约5米，井身中上部微向西倾斜。其横断面约为长方形，下面是马头门。井身系用木材制成的"企口接方框密集支架"结构，现存十一层方框，内宽1.6×2米以上。马头门内宽2.2米、高1.6米，其中淤积大量黄砂土。

斜井四条，编号为斜1~4。除4号是阶梯状外，余为斜坡状。斜1在现代地面下深11.5米，残存底部长3.5米，西北方向，倾角20°，属于半框架木支撑结构，断面直径为1.8~2米。马头门位于东面，结构形式同竖井，残高1.6米、内宽1.2米。斜2现已坍塌，长8米，东北方向，倾角30°。斜3现长11米，东北方向，倾角15°，北端残存的木结构亦为半框架式。井身内断面径1.2~2米。斜4残长4米，阶梯形式，东北方向，倾角20°。井身是阶梯式木结构框架，内横断面0.72~0.9×12米。井内遗存两组厢架，间隔1米，高差1.05米，架内均有竖立的隔板封堵了斜井。二号厢架内遗留一木桶，井内还有木炭屑、竹编残片、木棍等。根据各种现象分析，斜4可能是斜井井底的水仓。

平巷三条，编号为平1~3。平巷是沿矿脉走向开拓的，巷内的高度随矿体和围岩的硬度而变化。三条平巷断面尺度各不相同，平1高2米、平2高1.6米、平3高与平2略同。平1、2之间有一个近十字形巷道交叉点与平2相通，交叉点实为井下的硐室，长1.6米、宽0.8米、高2米。硐室北面有一高大方木框架支撑，东南壁左上方有一洞口，高出硐室底部

1.3 米，与平 2 相通。硐室顶是封闭形结构，它的北面是向北
延伸的巷道，但被隔板封堵。平巷内回填大量的废矿石、矿
粉、黄砂土、竹编残片等。平 3 内出有铜凿、斧各一件。硐室
内是十分细腻的黑色淤泥并含大量的矿石粉和木炭屑，其中发
现竹编残片、木桶、木耳杯等。

二号发掘点面积仅约 10 平方米。遗迹有斜井等。

斜井三条，编号为斜 1 ~ 3。矿井残存底部。中间是高台
和 +57.4 米的两排立柱"Ⅱ"，内断面高 1.3 米、宽 0.8 米。
斜 1 西南方向，倾角 20°，残长 2.6 米。其中段有一直径 1 米、
深 0.2 米的圆坑。斜 2 位于高台西南，东北方向，倾角 15°。
斜 3 位于高台东南，西北方向，倾角 15°，残长 0.8 米。井宽
0.8 ~ 1 米。三条巷道相通，高台似为硐室，斜 2、3 的交汇处
为交叉点。井内填充矿石和黄土，遗物有陶片、铁锄和工具的
木柄。斜 1 内有半个狗头骨。

遗址出土的重要遗物有铜器、铁器、木器、陶器片等。铜
器有凿和镦。凿分宽窄两种，两侧边都保留有铸造的合范缝，
銎部装木柄，柄端装铜镦。镦端圆平，属两用工具。大凿头长
9.8 厘米、宽 4 厘米，镦长 4.5 厘米、口径 3.3 厘米，甬长 39
厘米。铁器有直銎式斧和六角形锄各一件。斧和锄的銎内都残
存有木柄，两侧边都有合范铸缝。斧长 12 厘米、刃宽 8.9 厘
米，锄高 11 厘米、刃宽 16.6 厘米。木器有木桶二件、残木柄
二件、木楔一件、耳杯一件。桶为圆筒形，由整块圆木制成，
口沿两侧用绳作耳，高 18 厘米、径 28 厘米。木柄是凿与斧的
柄，残长 22 厘米，上半部方形、其下呈凿形，长 48 厘米。耳
杯由整木制成，口径 13.4 ~ 16 厘米。竹器仅竹筐一件，圆形，
口径 35 厘米、深 20 厘米。陶器片仅宽沿盆口片一件，弦纹罐

腹片、粗绳纹罐底片、凸瓦状纹罐残片各二件。

遗址年代的推定有以下根据：一、陶片的器形与当地西汉墓中的同类器形相同；二、六角形铁锄、圆形木桶、竹筐与铜绿山西汉矿址中的遗物相似；三、三角形铜凿应晚于东周时代；四、井身的"企口接方框密集支架"结构与铜绿山 24 线井结构相似；五、调查时在遗址的地面发现正面绳纹背面布纹的汉代板瓦片。据此判断，遗址年代的下限当在西汉时期。

铜矿的开采似露采而后沿矿脉深采。矿井的地质结构不同，并因地制宜创造出多种结构支护，结构科学进步。矿井的高低有别，说明是由上而下分层开采的。铜矿的矿冶特点与铜绿山相同，亦是就地冶炼的采冶综合性作坊。由于铜矿有小河与长江相通，似用水路途径外运铜材料。

山西运城洞沟铜矿遗址位于中条山的一条谷沟中，两边山峰耸立。发现的由东向西排列的七个古矿洞，较集中的开凿在山腰间。附近的台地上有红烧土凹槽，似为烧结矿石所用[6]。

矿洞的形状不同，可分为三种类型：一、大洞穴多道型（如 2 号洞）。圆形洞口向北，进深 4 米而扩大成高 8 米、宽 6 米的半圆形大洞穴。洞后壁凿出等距的三个小巷道，其中两巷道分叉；前壁亦凿一个小巷道。二、椭圆大洞口型深洞空兼竖型（如 3 号洞）。圆形洞口作 50°倾角，向下 15 米，再向左凿 0.97～1.17 米的小巷，并扩大成直径 2.5～3.1 米、深 9 米的竖井。左侧也凿 1.2～2.5 米直径的竖井，井中填满废石。三、正圆大洞口型（如 7 号洞）。洞口宽 10 米、高 4 米、深 15 米，至底 45°倾斜。与此相同的四个洞为：1 号洞高 18 米、宽 22 米、深 18 米；4 号洞高 4 米、宽 2.3 米、深 15.5 米；5 号洞高 1.5 米、宽 2.4 米、深 8 米；6 号洞高 4 米、宽 3 米、深

5.5 米。洞壁修凿比较整齐，开凿方向按矿脉的走向进行。

1 号洞中发现铁钎一件。2 号洞中发现铁锤两件、铜锭一件。铁锤和铁钎属采矿工具，铜锭属冶铜的产品——铜材料。另在 2 号洞中还发现大量木炭屑与碎石杂在一起，可推知当时曾采用"火爆法"开采。在 5、6 号洞口之间的摩崖壁上镌刻有题记。摩崖长 6.5 米、高 2.6 米，虽然表面平整但风化较严重，致使有些字很不清晰。现存七行，按照由右向左顺序记录为："甲子"在最北端的右上角；"囝阳□里司马胡生"距上行题记约 0.6 米；"光和二年河囷（原文是"内"，连文便是河内郡。因汉代时此地是河东郡而非河内郡，这与平阳属河东郡是一致的，故改"内"为"东"字）"距上行题记约 2 米；"正月"紧靠着上行，疑属同一个题记；"太□□□□"与上行题记相距约 0.1 米；"中平二年□□"距上行题记约 1 米；"甘露"与上行题记相距 0.1 米。题记的年号主要属东汉末年灵帝时期，如"光和二年（公元 179年）"、"中平二年（公元 185 年）"和"甲子（相当于中平元年，即公元 184 年）"。

根据矿洞中出土的圆柱形铁锤的器形与安徽寿县安丰塘出土的汉代"都水官"铭锤相同，可推定此处是汉代的铜矿遗址。距矿洞 800 米处的平坦谷沟里是其冶铜作坊遗址。

在Ⅳ号矿体 17~21 勘探线之间的遗址的南端共清理出竖（盲）井四十三个、平（斜）巷四十七条、采矿平窿四个。竖（盲）井可看清支护结构者十二个。支护框架属Ⅲ、Ⅴ两式：Ⅲ式者的平面呈长方形或方形，净断面 0.5×0.7 米，最大者 1 米见方，框架与围岩之间插圆木棍、竹篾、藤条护壁。Ⅴ式者的ⅣJ447 井框架净断面 0.53×0.62 米，用圆木棍作背材护壁。IVJ454盲井口至底深0.28米，残存六组支护框架但大部腐烂，第五、六两组较好，五组通长1.35米、宽0.14米、厚0.05米，框架净断面1.27×1.27米。井内填有褐色矿石和浮土，围岩是褐色铜铁共生矿石。无支护框架的竖井十一座，分布在遗址的东、北、西三面，开掘于火成岩中。残存井筒最深约0.66米，井断面为长方形，约0.8×1米，井内填褐红色矿土。有的井掘在坚硬的灰褐色矿石中，有的掘在松软的红褐色土夹石块的矿层中。平（斜）巷四十六条分布在南部，支护型式较单一，圆木作立柱、板材作顶梁和地栿、四根一组用榫卯穿接而成，圆木棍与板相间作背材护壁，均属一式。巷内填褐色矿粉和泥土，围岩是褐色和灰绿色矿土加碎石块等的铜铁共生矿石，有的巷内残存竹篮。常见的井巷组合关系是竖井与平巷、竖井平巷与盲井相组合。采矿平窿四个，因条件限制仅仅对残迹作了调查。暴露的窿口高0.9～1.4米，宽0.8～1.8米。壁呈黑色，填充大块废石、褐红色矿石、小块孔雀石粒、腐烂的木支护等，有的壁上有凿等工具痕迹。

遗物有木船形斗一件、木铲八件、木槌一件、木槽一件、竹篓三件、竹篮三件、竹签数十根等生产工具及瓷片一件、陶片一件。

根据井巷的叠压和打破关系、出土的唐代瓷片、无支护框架的竖井和平窿及与江西瑞昌遗址相同的圆饼式铜渣可判断，此处应有唐宋时期的采矿洞穴遗址。

河南镇平楸树湾铜矿遗址的古矿洞虽然较多但被近现代扩挖损毁。根据冶炼遗址的炼渣及其他遗物可知，此处遗址从汉代经唐宋一直沿用到明清[7]。就陶瓷片来看，有两汉的筒瓦片、唐宋及明清瓷片等。

此外，南京九华山江宁汤山及尚山有唐代铜矿遗址[8]。

（三）铁矿遗址

铁最早出现于中国南方的吴、越地区。据《禹贡》、《山海经》记载，早期的铁矿山位于今陕西、河南、山西、湖北、湖南一带。另据考古发现可知，除上述省区外，产铁之山还分布在甘肃、江苏、江西、山东、河北北部。这符合中国铁矿较多的特点。

目前，战国以前的采矿址尚无发现，而对其采矿的具体技术更无从知晓。战国时期的冶铁遗址虽发现与发掘若干处，但无法从矿石中探讨与采矿有关的技术问题。

1. 汉代铁矿遗址

汉代的铁矿为数众多，根据文献记载约有三千六百零九处，但作过调查且有工具出土及矿洞旁边有冶铁遗址的并不多。就目前所知有以下几处：河南巩县铁生沟矿址、河南桐柏毛集铁山庙矿址、山西临汾二峰山矿址等。

河南巩县铁生沟矿址以铁生沟冶铁遗址为中心，分布于北边的青龙山和南边嵩山支脉的罗汉寺山上。北山盛产褐铁矿，南山盛产赤铁矿[9]。

青龙山有两处采矿址：一处位于罗泉村附近的"铁古岭"，出土铁镢一件；另一处位于北庄村东北和西北边。此处遗迹较多，有直径 1.03 米、现深 2.8 米的圆形井，井壁遗留有斜挖的镢痕迹，井内填满乱石；也有长 1 米、宽 0.9 米的方形矿井，深度不详。当地农民在挖至深约 10 米时，发现矿井是顺着矿脉平行掘进的。两处矿井基本都属竖井。在井附近还有巷道，宽约 3 米，底呈斜坡形，填满碎石渣。矿井旁有窑洞，洞内发现铁锤和铁剪，器形与铁生沟冶铁遗址的汉代锤、剪相同。

罗汉寺矿址距冶炼遗址 3.5 公里，位于寺西南山顶上。有斜坡形巷道，南壁有淤土痕，出土铁锤、铁镢、五铢钱及长达 1 米的铁剑。现存铁锥一件，长 0.16 米，一端尖一端有圆銎，銎中残存木柄痕迹。

从上可知，遗址采用了竖井和斜巷两种掘进法采挖铁矿石，出土的矿石也仅有赤铁矿和褐铁矿两种。

河南桐柏毛集铁山庙矿址位于毛集的西铁山，海拔约 150 米。此矿发现于信阳钢厂的二、三采区，属鸡窝矿。

二采区有两个矿井。第一矿区矿井位于铁山庙山北麓。铁矿分布在东西 55 米、南北 120 米范围以内。50 年代调查发现北坡有汉代冶炼遗址，因为山顶设山庙而得名。在北部发现矿洞，塌陷面积约 500 平方米。洞的东边有许多炼渣，被现代采矿废石覆盖。第二矿区矿井东南距第一矿区 300 米，中为栗树河相隔，西北是窄沟而东北系较平宽的岗地。铁矿分布在东西 60 米、南北 150 米范围以内。在东北部打井时发现距地表 40 米深处的空洞。同时在探孔附近还发现深约百米的洞，其中残存木炭，洞壁被熏成黑色。

三采区的东南部亦有矿洞，洞内有大量木炭和熏烟，除竖井外均已被采毁。在此区的东北地有汉代冶铁遗址。

山西临汾二峰山铁矿遗址位于临汾钢铁公司附近，在一号矿体中发现古代老洞。此处是富铁和富铜矿床，矿点多，易开采[10]。矿石平均品位 44.77%，计有磁铁矿、赤铁矿、褐铁矿、硫铁矿、黄铜矿等。冀城汾南和夏县禹王城冶铁作坊是否用此矿冶炼，值得进一步研究。

此外，河南林州正阳地冶铁遗址旁边应有铁矿遗址[11]；河南桐柏张畈冶铁遗址的北边有处铁石垱的铁矿址，但尚未作调查[12]；河南鲁山有两座汉代冶铁遗址，县境内的西北部有多处铁矿[13]；河南妆州属原汝南郡，亦有两处汉代冶铁遗址，该市的东北部有铁矿[14]；江苏徐州利国驿有汉代冶铁遗址，附近也有铁矿[15]。此外，福建的汉代崇安城[16]，山东的济南[17]、莱阳[18]、山阳[19]、滕县[20]，四川邛崃、犍为[21]等也有不少类似的情况。

2. 唐代铁矿遗址

唐代铁矿冶的政策与汉制相仿，边郡不设铁冶而由官方提供铁器。《隋书》、《唐书》中有较为详细的记载：唐初的坑冶已多达一百六十八处，中期增至二百七十一处，主要分布于今河南、安徽、江苏、江西、山东、山西和福建等省。

3. 宋代及以后铁矿遗址

宋代的铁矿冶亦经历民营和官营两个时期。《宋史》、《太平寰宇记》及有关县志中，对此有详细的记载。宋代主要铁矿冶遗址有安徽繁昌[22]铁塘冲、铁牛山、竹园湾遗址，河北綦阳、邢台[23]朱庄村、邯郸矿山村遗址[24]，河南南召县[25]草店、下村、庙后村、朱砂铺遗址等。辽金时北方的铁矿冶有所发展。如黑龙江阿城县小岭地区冶铁遗址有采矿作业区矿井十余个[26]，最深者40余米。下有斜巷，巷高2米、宽1.5米。依照矿脉的走向开采，发现坑木、柳条筐、铁锤、铁钎、陶灯等。元代的铁矿冶以官营为主，主要分布在今河北、山东、山西、江苏、浙江、江西、湖南、湖北等省。明代除采矿冶炼外，还用淘铁砂来扩大铁产量。初期产量为900多万公斤，到洪武二十八年（公元 1395 年）增加到 1500 万公斤。产铁最多的地方是今湖北和广东。清代乾隆年间（公元 1736～1795 年），今鞍山铁矿也得到开发。

（四）银、金及锡铁共生矿遗址

银和金的冶炼与使用，早在商末周初已经开始。因为银、金是稀有的贵重金属，经济价值较高，遂成为贵族和官府严密控制的金属和矿产。

1. 唐宋银矿遗址

河南破山洞银铅共生矿遗址和银洞坡银金矿遗址位于南阳桐柏县[27]。两矿洞遗址距冶炼遗址均较近。

破山洞银铅共生矿遗址又分西北大破山洞和东南小破山洞两处。因古代矿洞都在山的顶端而开采后山头破裂，故命名为"破山"。

大破山洞有大小矿洞五个，编号为 1～5。矿脉呈约 50°倾角，属破碎的岩层。古人是沿岩脉的倾斜度由上向下开采的。1 号矿洞最大，矿洞槽呈东南西北方向，暴露出的长 150 米、宽 3～10 米、深 0.5～6 米，因其下充填废石而底深不明。3 号矿洞壁上有铁锥开凿的痕迹，痕长约 0.07 米、宽 0.17 米。洞口向北，南端最深达 7 米，亦呈倾斜状，铁斧开凿痕宽约 0.06 米。4 号矿洞内有褐红色缸片和黑色暗纹宽沿陶盆片，前者似清代末年及近代物，后者时代偏早。5 号矿洞旁一竖井，断面呈圆角方形，现约深 1 米、径 1 米。山下现代开凿的巷道内穿透矿层，暴露的矿层是垂直的。

小破山矿洞位于大破山东南的山腰处，现代开凿的西南东北方向的巷道内发现一个古矿道和两个古矿洞。一洞在现代巷道的顶部，但被古代废石填实；另一洞在支道的顶端，洞和巷道的通口仅有半米直径，很难进入。两洞壁较垂直且规整，内径约2米。

在大破山东边和小破山北边山沟底部的围山村是其冶炼遗址。

银洞坡银金矿遗址位于小山顶及西北向的斜坡地带，暴露古矿洞七个，编号为1～7。此矿岩层西北低东南高，呈倾斜层型，从露头层采入，必须由下向上开采，但6号矿洞为从上向下开采。在6、7号矿洞壁上可见到，沿着岩石节理面有铁工具锥凿的倾斜痕迹，痕宽约0.5～1米，凿痕很浅，实为擦痕。

银洞坡西南观音河北岸是官驿村，似为古代采银的地方官吏的驻地。官驿村对岸便是圆柏树村冶炼遗址，三者呈锐角三角形分布。

2. 宋代锡铅及锡铁共生矿遗址

广西贺县铁屎岭锡铅及锡铁共生矿遗址位于贺县、富川县和钟山县的交汇处，南起里松墟，北至庙弯墟，长约50公里。原生矿属锡锌硫化物高中热液型含锡硫化物矽卡岩矿床，含锡角砾岩型矿。主矿产为锡和锌。原生矿床主要金属矿物有磁黄铁矿、磁铁矿、铁闪锌矿、黄铁矿、毒砂、黄铜矿和脆硫锑铅矿等，锡品位0.2～1.0%，锌品位7.1%[28]。

该金属矿是我国历史上最有名的锡产地，《新唐书·地理志》、《宋史·食货志》、《元和郡县志》、《方舆纪要》和《清一统志》对此都有记载。如"桂岭朝冈、程冈皆有铁，冯乘（今富川县东北）有锡冶三，富川（今富川县西南）有锡"

等。其他文献中还记有铅。现代采区内发现古矿洞，遗址地表局部处有陷落区，在山坡下有原生矿脉。

3. 明清银、金矿遗址

明清银、金矿遗址在全国较多，但经考古调查者仅河南栾川和灵宝两地。

栾川红洞沟银铅锌共生矿冶遗址位于陶弯乡西北红洞沟村两河汇流的三角地带。小河的北岸是采矿洞，矿和冶两遗址仅一水之隔。在村南边和西边山坡上也有古矿洞分布，总计约有三十个[29]。

村西北古矿洞作三角形分布，相距约 20～30 米，仅调查东西二洞。西洞洞内有五个小矿洞，均沿着 45～60°倾角岩脉开采，岩壁上遗留有钢钎凿痕。个别处有木支护。在洞底的积土中出有瓷碗和瓷罐片。东洞洞内空穴最大约 1000 平方米，顶高约 20 米。堆积矿粉很多，厚达约 6 米，矿粉很纯。在洞内西部堆填一层较厚的硫磺矿粉，最厚处为 1.5 米，现仍可点燃。在围岩壁上亦保留有铁锤工具痕迹。在此洞中挖出铁锤、铁钎、腐烂衣服和人骨架等。

村周围其他三十多个矿洞均位于村庄所在地面之上，最高者在 60 米的山腰间。

灵宝秦岭明清金矿遗址东起秦岭金洞岔，经阌峪乡东路将、西路将、东闯、西闯，向西南延伸至陕西境内，东西长达 60 多公里。此处是 60 年代发现的最大金矿，包括陕西洛南在内，共勘察出古矿洞八百余个，局部矿石含金量 50%[30]。

在金洞岔的双梯子沟洞口上刻有"景泰二年（公元 1451 年）"、"康熙二十四年（公元 1685 年）"、"雍正十二年（公元 1734 年）"、"光绪（公元 1821～1850 年）"等年号，可知金矿的连续开采长达四百多年。

矿洞型式分大、中、小三种。大型洞高 0.5 ~ 3 米、深 50 ~ 100 米以上；中型洞深 10 ~ 30 米；小型洞深 1 ~ 2 米，只能爬行进出。此外，还有一种螺旋式向上钻的不规则型洞。凡是含金富的矿层被开采成大型洞，其他则是中型或小型洞。从洞壁特点和洞内遗物可推知，其开采的方法不同于淮河以南的金属矿，有以下两种：一是火爆法。矿洞用木柴焚烧到一定温度时猛泼凉水，使其崩裂脱落一层。将脱落的矿块清理运出后再继续焚烧和泼水，如此反复进行。致使洞壁密布锅底型凹窝。从上可知，古代矿工已认识到矿石具有热胀冷缩的物理性能。当时使用火爆法开采矿洞较为普遍。如河南济源五龙口一明代石碑记载，用火烧石灰岩使其自粉，刮去粉碎的灰层再烧，反复进行后开凿出了渠首闸洞。这说明我国早就具有了火法开采石洞和采矿工程的成套技术。二是火药爆破法。在大中型矿洞壁上残留有呈多种乳头形的节理面，在节理面的交界处有突起的钝锥体及辐射纹。这与现代火药崩石的炮眼底部痕迹相同。此类洞壁表面不见黑灰层，洞底没有炭屑和黑灰。

从洞口壁的题记可知，矿工除本地人外还有外地人。如西路将 156 号洞口的题记为"□□□□□□□/朝邑县山高李濴、王福造/□双泉□□□之"。朝邑，在今陕西省东部的黄河西岸，距灵宝市很近。

矿洞内遗物有铁灯、瓷碗、瓷瓶、瓷片、水桶、铁镢、铁铲、铁钎、铜钱、水烟枪及人骨架、羚羊骨架等。洞外遗物有石碾盘、石碾滚和石碾槽等粉矿的石工具。石碾盘，径 1. 35 米，中心一轴孔，距轴孔 0. 08 ~ 0. 29 米之间是一周凹槽，为粉碎矿石所致。石碾滚，长 0. 62 米、径 0. 42 ~ 0. 43 米，因滚碾矿石而呈束腰状，腰径 0.36 米。石槽九件，长条形，槽和槽滚与中药店中的碾槽和碾滚相近。

金矿开采的规模之大、矿洞数量之多、持续时间之长，在国内实属罕见。该矿"黄金储量之丰富、金品位之高国内少有。金矿区石英脉五百四十多条，在详察勘探的二十多条含金脉体中，查明了七个大、中型点"。由火爆法开采到火药爆破法开采、含矿量少者开小洞到含矿量高者开大洞说明，古人已知根据不同矿岩和含量而采用不同的方法。矿石的粉碎采用传统的粮食加工工具来完成。这些工具在现代的小型耐火材料厂中仍然使用。

该遗址的发现填补了中国矿业技术史、黄金开采技术史中的一些空白，但许多尚未探知的材料仍需不断完善和充实。

注　释

［1］温少峰、袁庭栋《殷墟卜辞研究——科学技术篇》第 353～354 页，四川省社会科学出版社 1983 年版。

［2］《中国矿床发现史·河南卷》编委会《中国矿床发现史·河南卷》（总前言）转引《古矿录》，地质出版社 1996 年版。

［3］江西省文物考古研究所《铜岭古铜矿遗址发现与研究》，江西科学技术出版社 1997 年版。

［4］黄石市博物馆《湖北铜绿山春秋时期炼铜遗址发掘简报》，《文物》1981 年第 8 期；中国社会科学院考古研究所铜绿山工作队《湖北铜绿山东周铜矿遗址发掘》，《考古》1981 年第 1 期；中国社会科学院考古研究所铜绿山工作队《湖北铜绿山古铜矿再次发掘——东周炼铜炉的发掘和炼铜模拟实验》，《考古》1982 年第 1 期；港下古铜矿遗址发掘小组《湖北阳新港下古矿井遗址发掘简报》，《考古》1988 年第 1 期；铜绿山考古发掘队《湖北铜绿山春秋战国古矿井遗址发掘简报》，《文物》1975 年第 2 期。

［5］参加科学研究的学者有华觉明、周卫健、卢本珊、彭适凡、刘诗中、邹友

宽、夏宗经、张柏春、邱爱金、程立新、蒋金元、胡正生、彭子成、孙卫东、黄允兰、张巽、刘如民、郭华荣等。

[6] 安志敏等《山西运城洞沟的东汉铜矿和题记》,《考古》1962 年第 10 期。

[7] 河南省文物考古研究所等《河南省镇平楸树湾汉宋铜矿冶遗址调查》,《华夏考古》2001 年第 2 期。

[8] 南京市博物馆等《南京九华山唐代铜矿遗址》,《中国考古学年鉴·考古文物新发现》第 106 页,文物出版社 1988 年版。

[9] 河南省文物工作队《巩县铁生沟》,文物出版社 1962 年版。

[10] 段红梅、韩汝玢《山西战国中晚期铁器及冶铁遗址再考察》,《山西省考古学会论文集》,山西古籍出版社 2000 年版。

[11] 河南省文物考古研究所等《河南省五县古代冶铁遗址调查》《华夏考古》1992 年第 1 期;河南省文物工作队《河南南召发现古代冶铁遗址》,《文物》1959 年第 1 期。

[12] 同上。

[13] 同上。

[14] 倪自立《河南省临汝县夏店发现汉代冶铁遗址一处》,《文物》1960 年第 1 期。

[15] 南京市博物馆《利国驿古代炼铁炉调查及清理》,《文物》1960 年第 4 期。

[16] 福建省文物管理委员会《福建崇安城村汉城遗址试掘》,《考古》1960 年第 10 期。

[17] 杨惠卿、史本三《山东师范学院历史系同学赴东平陵城址进行考古实习》,《考古通讯》1955 年第 4 期。

[18] 山东省博物馆《山东省莱芜县西汉农具铁范》,《文物》1977 年第 7 期。

[19] 李京华《汉代铁农器铭文试释》,《考古》1974 年第 1 期;李家瑞《两汉时代云南的铁器》,《文物》1962 年第 3 期。

[20] 中国社会科学院考古研究所山东工作队《山东郯县滕县古城址调查》,《考古》1965 年第 12 期。

[21] 同 [19]。

[22] 胡悦谦《安徽繁昌县古代冶铁遗址》,《文物》1959 年第 7 期。

[23] 唐云明《河北邢台发现宋墓和冶铁遗址》,《考古》1959 年第 7 期。

[24] 陈应祺《邯郸矿山村发现宋代冶铁炉》,《光明日报》1959 年 12 月 13 日。

[25] 同 [11]。

[26] 黑龙江省博物馆《黑龙江阿城县小岭地区金代冶铁遗址》,《考古》1965 年

第 3 期。

[27] 该遗址于 1987 年秋由河南省文物考古研究所李京华和南阳市文物考古研究
　　　所董全升联合调查，调查报告待发。

[28] 周卫荣、李延祥《广西贺县铁屎岭遗址北宋含锡铁钱初步研究》，《钱币学
　　　与冶铸史论丛》（十八），中华书局 2002 年版。

[29] 李京华《栾川县红洞沟古代铅、锌、银共生矿冶遗址》，《中国考古学年
　　　鉴·河南省》，文物出版社 1989 年版。

[30] 李京华《秦岭金矿遗址调查》，《有色金属》1981 年第 3 期。

二　中国古代金属冶炼遗址的

发现与研究

（一）冶铜遗址

关于铜器开采、冶炼和铸造三种作坊的关系，文献记载的很简单。但在考古调查与发掘中，却明确显示出三者组合与分工的关系。采矿址与冶炼址的设置视场地宽敞和狭窄而定：若矿址场地或附近较为宽敞，采矿址便与冶炼作坊结合设置，如此可将大量非金属渣抛在荒芜的矿区处，而将还原的纯金属运到城区铸器；若矿区场地狭窄，则把冶炼作坊设置在距矿区较近的城镇附近。铸造作坊和冶炼作坊的设置视城市距矿区的远近而定：甚远者分别设置；甚近或较近者组合设置。

据研究得知，原始含铜的地面上曾有因地质因素而存在的少量的自然铜。这种自然铜铜块的含铜量特别高，不用冶炼而可直接制造简单工具。

虽然在仰韶文化、龙山文化和巫文化遗址中均有铜块及铜器出土，但这些铜器的原料是采集自然铜还是采掘矿石冶炼获得，目前尚不清楚。

考古发现的中国最早的铜片出于半坡仰韶文化和姜寨文化[1]。前者出土情况尚待研究；后者出于窖穴的底层，地层清楚。两者都是片或谓块而不是器。龙山文化与二里头时期的铜及与熔铜有关的遗物较前增多。如河南登封王城岗龙山文化第四期的铜鬶形器残片[2]、河南偃师二里头一至三期铜工具和熔铜炉壁残块[3]。这些铜器和炉壁的原料也需进一步研究。

目前只见商代及以后采矿与冶铜的实例。

1. 商代冶铜遗址

商代冶铜业获得新的发展，各个方国中都有冶铸铜器的手工业。商代中早期二里岗文化下层的河南郑州商城南北两处铸铜遗址[4]、湖北盘龙城铸铜遗址[5]、湖南皂市铸铜遗址[6]等商代铸铜遗址都说明，这些大型遗址中应有铸铜作坊的存在。但在遗址中没有见到与冶炼有关的内容。这说明当时冶炼与铸造是分别进行的。

辽宁牛河梁红山文化冶铜遗址位于凌源县与建平县交界处[7]，1987年经辽宁省考古研究所发掘出土炉壁残块堆积。炉壁残块多呈弧形，草泥条筑制作，内面有黑色熔层和渣痕，外面呈砖红色。对炉壁及壁上黏附的渣进行分析后可知，渣含高镁、低铝，有少量的钙、铁，似属冶炼渣。冶炼的原料是含硫低的氧化矿石，与牛河梁附近的喀左县上滴答水铜矿、凌源县烧锅地铜矿及八家子铜矿、三十家子铜矿、杨杖子铜矿，建平县马架子铜矿等成分基本相同。炉壁上部内径18～20厘米、外径21～24厘米。其上的小孔可能是鼓风孔，内径3.4～4厘米。根据鼓风孔位置推知，炉子高约35厘米。经差热分析，炉内熔温在1115～1240℃之间。炉底可能是一次性使用，即破炉底取铜。遗址的年代相当于中原的商代。

笔者根据炉型认为，炉壁残块比二里头文化进步，与郑州二里岗草泥质炉壁接近，大约在商代中期。从地域看，此遗址是商代最北边的冶铜遗址。

此外，湖北铜绿山和江西瑞昌两处早期铜矿址附近都曾附设冶铜作坊。这是矿、冶相结合类型的冶铜遗址。

2. 西周冶铜遗址

湖北铜绿山铜矿冶遗址炼渣堆积由北向南集中分布于蛇山头（Ⅳ号矿体）、大岩阴山（Ⅶ号矿体）以西、柯西太村和蛇山尾之间、熊家湾村以西、Ⅺ号矿体圆水池周围及铜绿山（12、24 线之间）以东以南等十几处，有的厚达 4 米[8]。据估计，在上述范围内的古代炼渣约 40 万吨。经分析证明，炼渣是火法炼铜的遗物。渣量之多说明古代冶炼规模之大和延续时间之久。

在Ⅺ区内出土较多西周遗物，有鬲足、鼎足、喇叭形豆柄、卷沿圆唇鬲、卷沿圆唇双耳甗、折沿罐、折沿大口尊、瓮等。J46 和 X2 出土的铜斧木柄经碳十四测定，年代相当于西周中早期。这说明西周时此处应设置冶铜作坊。

此外，江西瑞昌和安徽铜陵等地也发现西周冶铜遗址。

3. 春秋冶铜遗址

湖北铜绿山春秋冶铜遗址位于铜绿山矿区中部偏西，即铜绿山的东北坡，海拔 36～46.4 米，属于山凹缓坡地带[9]。1976～1979 年作过三个阶段的发掘，布探方六十三个，发掘面积 1575 平方米。第一阶段发掘炼炉一座（3 号炉），第二阶段发掘炼炉三座（4、5、6 号炉），第三阶段发掘炼炉二座（7、8 号炉）。1979～1980 年间又发掘炼炉二座（9、10 号炉）。1983 年，黄石博物馆在Ⅺ号矿体发掘炼炉二座（11、12 号炉）。同时发掘出土大量的炉壁残块、矿石、木炭、炼渣、耐火材料、石砧、石球、粗铜块、残陶器和残铜器。

地层堆积以遗址中部的 T19、T27 为例，自上而下共分七层，一层是现代堆积，二层是扰乱层，三层是隋唐层，四层是春秋晚期层，五层是春秋中期层，六层是春秋早期至西周晚期层，七层是原生自然堆积，炼炉的炉基座在此层中。

炼铜竖炉由炉基、风沟、炉缸、工作台等组成，现仅残存炉基、炉底，炉身均坍塌。其中7、8、11、12号炉残破过甚，现以3、4、5、6、9号五座炉为例介绍如下。

3号炉残存炉基、炉缸底部，残高75厘米。炉基位于南高北低的坡地处，地基平整。但炉基呈圆形的平底坑，红土夯实，并用石块和红黏土筑成圆台基。风沟筑在台基内，沟呈"丁"字形，在台基南、北和西分设三个拱形沟门，互相贯通，沟壁涂高岭耐火泥，残留有火烧痕迹。炉缸残破，底距基底70厘米，窝状，上下分四层：一层用矿物质土再加高岭土及石英砂夯筑，厚8厘米；二至四层用木炭粉和高岭土混合逐层筑制，各层有烧痕，总厚9厘米，但第四层呈窝状。可知此时已掌握耐高温的材料并运用于高温部位。工作台在炉的东部，用红黏土和铁矿石混合垒筑，约3平方米，台面高于炉缸底面。

4号炉炉基、炉缸保存较好。炉基坐落在面积较大的75厘米高的自然淤积土墩上（10×45米），土墩上挖筑"丁"字形风沟，沟壁被烘烤，风沟横贯炉缸底部，中段铺满炼渣，西北段设两块岩石。石块和炼渣支撑炉缸底部。因炉缸底部残破，炼铜渣液渗入下部，一部分黏结在风沟的炼渣中，另一部分呈倒树枝状渗入土墩中。炉缸架设在风沟上，鼓风口的断面呈椭圆形，径48×77厘米，残深63厘米。炉缸壁厚2~3厘米，壁面烧流并呈灰黑色，壁面炉衬层麜有高岭土10%、硅化火成岩碎料和石英砂73%、玻璃相（高温烧熔下析出的玻璃相）15%。外层厚30~40厘米，用高岭土10%、石英砂

34%、石榴子碎石10%、赤铁矿和褐铁矿粉30%混筑。这些材料基本是耐高温炉料，用于炼铜是适当的。炉缸缸底分四层：由下而上的第一层材料与外壁同；第二层用石英砂、长石、硅化火成岩碎屑36%及石榴子粉15%、赤铁矿和褐铁矿粉25%与高岭土20%混筑；第三层是以高岭土为主的土粒；第四层是黑褐色耐火泥。各层厚1.5~5厘米，总厚15~20厘米。金门设在炉缸前壁下部，门向东南方，拱形门坎残缺，内宽29厘米、外宽35厘米、深45厘米、高17厘米，用高岭土和红黏土混合制作。鼓风口设在炉缸右侧，与金门呈直角，正对椭圆炉缸的长轴右边端部，长轴另端亦应有鼓风口，只有如此对吹才能保证炉温的均匀。但左侧风口残缺。内口呈鸭嘴状，口径5、7厘米，口沿一周有熔流，并与炉缸内壁熔流连为一体。炉基以外的土墩是工作台，台面略低于鼓风口。

5号炉炉基基底圆弧形，南半部垫有铁矿石块，用红黏土夯筑。风沟亦呈"丁"字形，沟高28厘米。炉缸底坍塌并留有椭圆形边壁，直径约50厘米。金门保存完好，金门的拱顶分十一层，均用高岭土30%和硅化火成岩碎粒69%混筑。金门内壁没有熔流现象。堵金门墙残块较多，有的残块有孔洞，用于排渣放铜。

6号炉有较多的辅助设施，如工作台、碎料台、泥池、筛粉场等（图三）。炉基筑在前期的炉基上，残高34厘米，残面作6号炉基底。风沟呈"丁"字形，沟壁被烘烧，高47厘米，中段放置石块，成"Ⅱ"形，石块支撑炉底。沟底平直，高32厘米。沟门被工作台封堵而成暗沟。炉缸平面呈长方形，长67.5厘米、宽27厘米、残深60厘米。炉缸底窝呈椭圆形，所用耐火材料同4号炉。金门呈拱形并朝南，内宽37厘米、

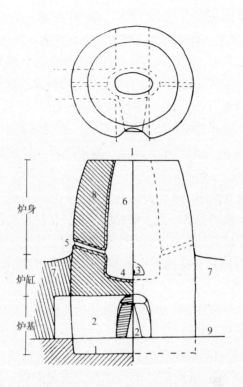

图三 湖北黄石铜绿山春秋冶铜遗址6号炼炉复原示意图
1. 基础 2. 风沟 3. 金门 4. 排放孔 5. 风口
6. 炉内壁 7. 工作台 8. 炉壁 9. 原始地平面

外宽27厘米、高19厘米、进深40厘米。门坎保存完好,坎面向内倾斜,倾角8°。内壁无熔流。工作台呈长方形,长3.5米、宽3米、高0.75米,面积10.5平方米。北面是矮梯形的斜坡面,面积19.5平方米,倾角30°,东北部低于台面1.8米,西北部低于台面2米。台是用铁矿粉粒和红黏土混合筑成,围炉一周。泥池二个,均位于炉西南2米处,东西方向分布。西池呈圆锅状，径 70 厘米、深 30 厘米。坑的周边筑泥埂，宽 10 厘米、高 5 厘米，坑内残存高岭土。东池不规则形，面积 2.5 平方米，坑内有大面积红黏土剩余物，北部是高岭土剩余物。可知两池均用高岭土和红黏土两种原料制作泥料。碎料台位于炉南 1.25 米处，东西长方形，长 1.25 米、宽 1 米、高 0.2 米，中部置一花岗闪长岩石砧，近圆形但中心是凹窝，径 35 厘米。台是用高岭土筑成，质甚坚硬。台的北、东、南三面堆放有经过粉碎的铁矿石，面积千余平方米。筛粉场位于炉西南 5 米处，略呈 8 平方米的三角形，场内有经过人工粉碎的铁矿石、铁矿粉各一堆。矿粒堆在东，矿粉堆在西。石砧和石球是粉碎矿石的工具，每个炼炉附近均有出土。石质都是坚硬的花岗闪长岩。砧的大小不等，小者长 45 厘米、宽 31 厘米、厚 21 厘米，大者长 70 厘米、宽 40 厘米。砧面均呈凹窝状。石球七十余件，大小相近，直径约 8 厘米。球的两侧制成圆凹窝而便于手握操作。

9 号炉炉基坐落在自然土层上，基底铺垫石数块，其大小约 22×16 厘米。风沟呈"十"字形，南北方向，高 45、56、58 厘米不等。四方走向长 3、3.7 米。沟中心置十余块石块支撑炉缸，西沟内填大量木炭，东沟壁糊高岭土并有烘烤痕迹。炉缸平面呈圆角长方形，东西方向，长 70 厘米、宽 24 厘米、残深 28 厘米。四壁有 2~3 厘米厚的熔流层。缸底多残破，金门门坎坍塌。金门朝南，内宽 52 厘米、外宽 28 厘米，进深 50 厘米，残高 20 厘米。金门内有三层熔流层，说明至少停炉大修过两次。炉周围有四块堵金门墙残块，厚 2.5~4 厘米，有的堵金门墙残块上饰 4 厘米直径的圆孔。工作台围绕炉的一周，呈西南高东北低的倾斜形，东西长 8.2~10 米、南北宽 8

米，总面积 70 平方米。西南工作台将风沟覆盖而成为暗沟。工作台辅助设施有：渣坑四个，分布在炉的东边；堆填铁矿粉末的坑四个。在这些遗迹中出土石砧五个、石球四个。台面上还散存高岭土、红黏土和赤铁矿石等。

上述十个炼炉及辅助设施虽然均有不同程度的残缺，但综合考察研究发现，因不同部位各有保存，综合起来便可复原成完整的竖型炼炉。复原的完整炼炉缸基是：在地势较高的平整台面上先挖一个平底坑，夯筑与坑底直径相当、厚几十厘米的红黏土和铁矿石混合料的竖炉基底。再在上夯筑拱形通道（风沟），呈"丁"字形。炉缸设在风沟之上，风沟中部置石柱或炉渣支撑炉底。

冶炼遗物有矿石、燃料、炼渣、粗铜等。矿石出土于炉周围一带，有孔雀石、硅孔雀石、赤铜矿石、铜铁共生矿石。燃料为木炭，由硬度好、火力强的栎木烧制。在炼炉内外及周围分布较多的木炭块和木炭粉。如 4 号炉风沟左边堆积的木炭层厚 3 厘米，面积 0.16 平方米；6 号炉东北沟口处堆积木炭粉厚 0.5 厘米，面积 4 平方米；9 号炉风沟中近炉底处也遗存大量木炭屑。炼渣散布于整个发掘区内，尤其是各个渣坑中，堆积最厚达 1 米以上。渣块呈片状，黑色琉璃态，流动性良好。经化学分析可知：含铜 0.2～1.26%，酸度适宜，渣型合理，其他化学成分相当稳定。1、3 号炉的北沟门口遗存的正方形渣，长 50 厘米、宽 50 厘米、厚 13 厘米，重 81 公斤，表面平整，渣液冷凝时的波纹清晰可见。表面中部较粗糙，应是此炉的尾渣。渣分三层，说明连续放渣三次。对炉缸底、熔池、金门、风口处的熔瘤取样，经北京科技大学、冶金部建筑研究总院进行熔点分析，测定的温度为 1334～1449℃，风口处的温度最高，3、4 号炉的尾渣熔点高达 1438℃。这些温度的检测是在空气中进行的，数值偏高。尽管如此，用它比照竖炉内的温度值，还是具有指导意义的。北京科技大学测定的熔点大都在 1100 ~ 1200℃ 之间。由于粗铜含铁 3 ~ 4%，因而炼炉内的温度应为 1200℃ 或者稍高。粗铜一片，出土于 3 号炉西侧，重 94 克。4 号炉底部残留的粗铜重 2.3 公斤。粗铜的含铜量 93.31 ~ 93.99%、含铁量 3.35 ~ 3.99%。

其他遗物有铜锛、建筑材料等。铜锛一件，出土于 12 号炉的风沟内，长梯形、弧刃，两侧合范缝明显。长 9.8 厘米，刃宽 2 厘米，重 200 克。建筑材料即为炼铜竖炉的建筑用料。6 号炉的泥池中有专门制作的红色黏土材料；4 号炉工作台的红色黏土堆积厚 8 ~ 10 厘米，面积 4 平方米。在所有炼炉的周围均有铁矿碎粒、铁矿粉散布，除用于筑炉外还用于铺垫工作场地。

总之，根据各遗迹中的遗物特点判断，这个阶段的具体年代在距今 3205 ± 400 年，相当于西周至春秋早期之间。该期炼铜竖炉的不同部位使用不同的耐火材料，说明当时对于各种材料的耐温性能已有了科学的认识。炉的结构较前更加科学。所建的竖炉可以冶炼纯度高达 93.99% 的粗铜，渣型合理。从各遗迹的分布来看，与冶炼相关的设置布局较为合理，有利于冶炼操作和生产的有序进行。

此外，湖北钟祥也发现春秋冶铜遗址。

4. 战国冶铜遗址

湖北黄石柯锡太村位于铜绿山西北 0.5 公里。村内外堆积炼渣、红烧土，在此发现炼炉二座。发掘地层三层，一是扰乱层，二是炼渣层，底层是红色黏土自然层。炼炉位于二、三层之间。两座炼炉均由炉基、炉缸、炉身组成，既有相同点又有不同点[10]。

1 号炉残存炉基、炉缸，炉底被破坏，炉身全部倒塌。炉底及炉缸残高 80 厘米。炉基在自然岩石上凿出椭圆形锅状坑，长 1.8 米、宽 1.5 米、深 0.6 米。在坑底又凿有与长轴平行的"一"字形凹槽状风沟，北端垂面、南端楔面，上长 88 厘米、下长 74 厘米、宽 28 厘米、深 32 厘米。沟的上、中、下部嵌置紫红色石板，长 68 厘米、宽 22 厘米、厚 8 厘米，规整平滑。沟内两旁亦垫有石板，托着石板构成孔槽，槽空高 17 厘米。在冶炼之前，从沟口投入木炭烘烤炉底而消除潮气。在冶炼过程中还可以保温，防止炉缸冻结。"一"字形炉沟的石板相当于承受压力的炉条。火沟上部的长方形槽长 78 厘米、宽 60 厘米、深 25 厘米。其上两块相同的石板，长 22 厘米、宽 18 厘米、厚 8 厘米。从槽内壁草泥上的石板印痕看，石板移动了位置，原位应是倾斜立筑构成锥形缸。其上糊的炉缸耐火泥被毁，但缸壁表面有熔流残存。从整个结构看是椭圆形锅底状的炉缸。炉缸径约 60 厘米。炉缸壁尚残存有两层熔流的炉衬，说明此炉经过停炉维修后继续冶炼。炉的四周各有柱洞，原来应建有仅有柱而无四壁的棚式建筑物，可以挡雨。

2 号炉残存椭圆形炉体的下部，略呈"腰鼓式"炉身。外径 150～210 厘米、残高 120 厘米。炉基在原地挖成椭圆形锅底状坑，长 2 米、宽 1.6 米、深 0.4 米。坑内经过夯筑和烧烤，基上筑三层，自下而上是：灰色黏土层，为高岭土和木炭屑混合料，最厚处 35 厘米，顶面平整；红烧土层，掺入细炉渣粒、细石子的材料，厚 10 厘米；高岭土层，掺入稻草和谷壳，厚 2～3 厘米。这三层特加入耐高温的炉渣旧料、木炭屑、砂粒材料，并正位于高温部位的炉缸底部。炉底部没有专设火沟和风沟。炉缸内壁残破，外壁筑成"腰鼓式"，筑炉壁的材料是：外壁层用长方形黄土坯错缝砌筑；壁的中层用灰色砂岩石块、被熔流的岩块、炉壁残块和黄泥混筑，除黄泥外都是人工特选的耐高温的熟料，层厚 15 厘米；内壁的炉衬用黏土、高岭土、矿砂混合后涂糊，经北京科技大学分析是硅质耐火材料。炉缸底的炉衬层之下，用特以凿成的类似砖块的小石板（长 27 厘米、宽 17 厘米、厚 8 厘米）铺砌成椭圆形锅底状，缝间用耐高温的高岭土填糊。炉缸中央部位，炉衬被熔融的很薄。上述炉料和炉渣经分析是含铁较高的橄榄石、石英砂粒。内外三层炉壁总厚约 50 厘米。炉缸底西部有一个高 6 厘米、宽 3.8 厘米的孔。孔的内端被熔流堵塞。炉身残存南高 1.2 米、西低 0.4 米、北面 0.8 米。根据炉身的弧度推测炉高约为 0.17 米。

总之，第二层炼渣层内同出陶片具有战国时期特点，经热释光分析，其年代为距今 3100～2100 年。炉口较小，下腹较大，炉身呈腰鼓形，内身角 68°，炉腹角 82°，容积扩大，这些特点比春秋时期的炼炉有较多的进步。

新疆奴拉赛东周铜矿冶遗址具体位置同前[11]。炼渣堆积厚 0.4～2 米，长 40～50 米，渣堆内出土矿石、木炭、石器、兽骨等。最重要的是出土多块龟背状冰铜锭，重量 3～10 千克。经光谱分析含铜 60% 以上。

炼渣十四块，呈黑或灰色团块状，熔点 1070～1160℃。经化学和扫描电镜分析显示：有一件渣较特殊，铜含量高，硫含量低，砷含量高，并含砷铜颗粒，铜硫比高达 42.5，远远高于其他渣。其余渣砷含量低，并含（白）冰铜颗粒、砷冰铜颗粒、较多的钡和少量砷铜颗粒。这说明两种渣是不同冶炼过程的结果。

铜锭经化学和扫描电镜分析显示：一种质硬、性脆并呈暗灰色，有金属光泽，含白冰铜、砷冰铜、砷铜等相，可认定是冰铜和砷冰铜的非均质混合物。另一种呈暗黄色，断口金黄色并有小气孔，为 18% 含砷的砷铜。其冶炼工艺是"硫化矿——冰铜——铜"，使用硫化矿石，获得的是砷含量较高的冰铜和铜。

5. 汉代及以后冶铜遗址

安徽铜陵罗家村铜矿遗址有九块巨型渣块列在汉代阶段[12]。最大者直径 1.4 ~ 1.8 米、高 1.2 米、厚一二十层。可惜对渣的质量和内含没有说明，不知是炉料块、炉底沉积铜，还是在巨型坑中排放的非金属渣。按通常的情况看，这三种渣是明显不同的：炉料黏结块含有表面熔融的矿石块和未烧尽的木炭块，结构疏松并有轻微熔结，体积较轻，呈深褐色；炉底沉积铜由液态沉积，含有铜金属，体积甚重，颜色接近于铜锭的表面色；非金属渣每层的表面有流动波纹或条状流液，渣的断面呈琉璃态，颜色较复杂但多数是浅黑色、深灰色，极少数是深蓝色、深绿色和深紫色等。这三种渣绝对不能混同对待。

若是前两者，应与河南郑州古荥汉代 1 号炉、河南鲁山望城岗汉代 1 号炉的产物相同，都是由炉子扩大到超过了鼓风能力而出现的事故造成的。若是后者，则说明我国的炼铜高炉也与炼铁高炉一样，不断扩大容积来提高炼铜的产量。这代表了我国古代炼铜的最高技术水平。我们还应看到，上述炼炉与黄河中下游两岸同时代的炼铁炉相比，应属于中型偏小。根据直径推测炼炉的高度可能接近 2 米。但渣块到底属于三者中的哪一种，目前尚无定论。

值得注意的是，在采矿区还发现了汉代河南郡第三号铁官作坊的"河三"铁斧[13]，"河三"作坊的地点是今河南中部巩县铁生沟。矿区发现汉代铁工具用于采铜矿，说明此处也应有汉代的冶铜作坊遗址。

山西运城洞沟汉代冶铜遗址距矿洞 800 米，位于谷沟内较平坦的台地上[14]。1958 年平整土地时，挖出红烧土块和炼渣等。断崖上距地面高 4 米处暴露一"∪"形的红色烧土遗迹。槽高 1.5 米、宽 2.8 米、壁厚 0.12 米，壁面呈深灰色，推测是焙烧矿石的窑炉址。其西 7 米处是多层堆积厚约 10 厘米的炭渣层。在附近的断崖上发现残板瓦和瓦当，前者表面饰印交错粗绳纹，内面筛印麻点纹，时代属汉代；后者素面圆形。

河南镇平楸树湾汉代、宋代铜矿冶遗址位于楸树湾村李发田自然村以北的山凹平地处，为东西两山所夹[15]。周围以北、东北、东边及东南的山岭上分布三十余个矿洞，与冶炼遗址相距 70~1500 米。遗址南北长 200 米，东西宽 70 余米，表面分布较多的碎炼渣、碎矿石、炉壁残块和颗粒及汉代、宋代的陶瓷片和瓦片，尤其是东边的陡坡处似为专门处理炼渣之地。遗址中部的文化层厚达 1 米以上，出有大量炉壁残块、大块渣块和炼炉二座。炉的上部被挖毁，下部仍保留在耕土层之下。

与炼铜直接有关的遗物仅见炼渣，未发现大块炉壁残块。炼渣块共分板式渣、饼式渣和槽式渣三种类型。板式渣数量最多。渣的型式是中部和周边厚薄一致，两面平整，厚 3~5 厘米。表面有水波流动状纹理，断面呈琉璃态，结构致密。渣色复杂，有深褐色、深灰色、黑绿色、浅蓝色、深蓝色、紫蓝色、月白色、深绿色，有的夹有其他不同和深浅不等的颜色。板式渣的形状与铜绿山遗址所出相同但较厚，显然是炼炉容积扩大所致。饼式渣和槽式渣时代较晚。

陶瓦片数量较多，有板瓦片和筒瓦片，泥质灰色，表面饰粗绳纹，内饰麻点纹。陶罐片敛口、平沿、高领和斜肩，腹部以下饰绳纹。陶豆柄泥质灰色，喇叭状。陶瓦片具战国晚期和西汉中早期特征。

该铜矿冶是就地开采与冶炼相结合的类型，大量炼渣就地遗弃，纯铜运到城市铸器。炼渣分析说明，冶炼时使用石灰石和白云石作碱性熔剂，便于铜与渣的分离。冶炼技术较高，可获得纯度较高的铜产品。

云南个旧冲子皮坡明清冶铜遗址位于卡房镇陡牛坡村，面积 1000 平方米，暴露 700 平方米[16]。发现方形炼炉一座，清理炭窑一座，出土红烧土、筑炉土坯、泡沫形炉渣、孔雀绿渣和黑褐色渣、木炭屑等。在遗址南有木炭窑四座，以前曾出过铅锭。遗址西 5 千米处有新山矿，现产铜、锡、铁。木炭经碳十四测定，年代为距今 297 ± 69 年（公元 1653 ± 69 年），相当于明末清初。炉渣经扫描电镜能谱仪分析属于含铅氧化铜矿石。多方分析认为，该遗址可能是使用铜铅共生氧化矿石、掺锡石获得铜铅锡合金的冶炼遗址。

（二）冶铁遗址

铁器由铁材料加工而成。铁材料有两种：一是自然形成的陨铁，二是用人工火法将矿石还原成块炼铁和液态的生铁。人工火法还原铁材料的来源又有两种：一是露头矿的采集，二是从矿脉中凿洞开采。从而出现了铁矿的采矿工程和铁的冶炼工程。

商代晚期和西周时期，虽然发现了用陨铁制成的钺刃[17]和戈援（刃部），但其来源已不可知。从钺刃分析，可以说明两个问题：一、陨铁本身含铁量高，无须任何去杂取精的冶炼、还原工序；二、陨铁仅作表面锻造成型，无须反复折叠锻打以改善组织结构、提高性能。

商代早期已采用竖炉高温液态还原法炼铜，而早期炼铁是否必须仍走西方矮炉低温固态还原的老路，还有待今后的考古发现。

西周、春秋时期，尽管在冶炼铁矿时会遇到温度低的困难，但通过改进鼓风技术和设备、增强鼓风动力，问题应很快得到解决。

江苏六合程桥发现块炼铁棒和液炼生铁丸，虽然仅此一例，但至少说明块炼与液炼之间距离接近。这是由中国竖炉冶铜之早、延续时间之长、经验之丰富所决定的。

春秋时期冶炼铁器的炉型，目前尚无发现。但战国时期的炼铁竖炉，已在河南的鹤壁鹿楼、辉县共城、登封阳城等冶铸铁器遗址中有所反映。

1. 战国冶铁遗址

战国冶铁遗址，由于各种原因而考古发掘面积有限，并不能真正代表其全貌。同时，这也给遗址性质的判断带来一定困难。对于这类情况，我们只好运用综合的分析与研究。具体分述如下：

河南鹤壁鹿楼冶铁遗址距故县古代居住遗址最近[18]。遗址西部的姬家山、石碑头、沙锅窑、大峪四处铁矿较丰富，似层状的鸡窝矿，以赤铁矿为主，褐铁矿和菱铁矿居其次，含铁量一般为 20~40%，个别达 50%。遗址北临泗河、东邻故县，南北长 1000 米，东西宽 990 米，面积 99 万平方米，发掘面积 415 平方米。遗址内东半部是战国冶铸遗址，属 1998 年的发掘范围。这是一处冶炼与铸造相结合的作坊遗址。

河南辉县共城冶铁遗址的发掘面积更小，与鹤壁鹿楼遗址一样，出土遗物绝大部分是铸造用具，仅见铁矿石和琉璃态炼渣块[19]。这说明该遗址也是冶炼与铸造相结合的作坊遗址。

河南登封阳城铁炉沟冶铁遗址位于由颍河通向登封市东的支流东岸[20]。50、60 年代平整土地时，在遗址内深翻出大量的铁炼渣和炉壁残块。因为仅作一般性调查，遗址具体面积不详，部分属于战国时期。现分析认为，告成镇东门外（战国阳城南城墙外）战国铸铁作坊和新郑仓城铸铁作坊所使用的铁矿原料可能由此提供。这说明此处是冶炼与铸造分开进行的作坊遗址。

河南古西平冶铁遗址群共计八处[21]。现今的行政区划把其分作东西两部分：西平县所辖的是东半部，有棠溪河两岸的铁炉后村遗址、酒店镇杨庄遗址和对岸的赵庄遗址；舞钢市所辖的是西半部，有龙泉河中部北岸的翟庄遗址、东南的沟头赵遗址，以谢古洞大型居住遗址为中心的北面的圪挡赵遗址、南面的许沟遗址、西面的铁山矿冶遗址。铁山遗址被近现代采矿所覆盖。

杨庄和赵庄两遗址都作了试掘。赵庄遗址因水土流失，仅残存一炼渣堆积坑和一炼铁炉缸。赵庄遗址发现的炼铁炉，时代约在战国晚期，是目前发现的应用碳素耐火材料最早的炼铁

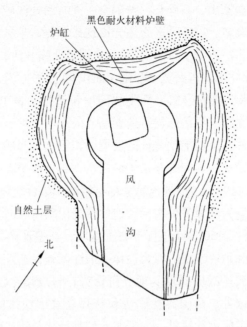

黑色耐火材料炉壁

炉缸

自然土层

风

沟

北

图四 河南古西平赵庄战国冶铁遗址炼炉复原示意图

炉，也是这个历史阶段最为完好的炼铁炉（图四）。因为它处
于东周名剑生产基地的冶铁作坊群中，所以可以代表这个时期
冶铁的技术水平。炼炉基的平面作"凸"字形坑，坑内使用
黏土、砂和木炭屑混合的黑色碳素耐火材料夯筑，壁厚30厘
米左右。炉基呈"甲"字空槽，与湖北铜绿山东周炼铜炉基
槽似有渊源关系。炉缸底中部残毁，保留炉缸周壁，炉缸的表
面熔融和黏有木炭痕迹，炉衬层被熔蚀无存。炉缸以上全毁、
基槽南部无存。残存基坑长2.6米、宽2.6米、深1.5米。

遗址群内分布有大量的琉璃液态渣、炼炉壁残块、熔炉壁
残块、陶风管残块和板瓦、筒瓦、陶片等。

2. 汉代冶铁遗址

汉代冶铁业的作坊数量、遗址规模和官府的系统化管理，是此后许多朝代都无法相比的。《汉书·地理志》中记汉设大铁官作坊四十余个，但经考古证实，大铁官作坊超过八十个。

河南郑州古荥冶铁遗址属于河南郡第一号作坊（河一），位于古荥镇西南边，即秦汉荥阳城西城城墙外，是一处冶铁、铸铁和制陶三结合的大型手工业作坊，面积12万平方米[22]。遗址东边是制陶区，发现窑址十三座。制陶区的西边是铸铁区，有熔炉基址，遗存大量熔炉壁残块、弧形耐火砖、泥质铸模和范、大量熔渣等。再西便是冶炼区，此区的东部有两座大型炼炉，两炉的北边是储藏、加工矿石、木炭之地，东北边有一口砖筑椭圆形水池。两炉东西并列，周围的地面或炉前坑内有数块积铁。

西炉（2号）较小而东炉（1号）最大（图五）。1号炉西边设一四柱鼓风机械基址（图六），东边的对应处已被破坏。炉前是一个大型的用于掩埋积铁的长方形坑，坑的东侧堆积铁、西侧堆积炉料块。2号炉南偏西10多米处是东西长船形鼓风机械基址（图七）。虽然两者之间有座烘范窑，但时代稍晚。两炉前方有一砖筑水井。

两座炼炉基址的形状、结构和用料基本相同。炉基坑呈"凸"字形，系用黏土、砂和煤粉混合的黑色碳素耐火材料自坑底向上夯筑。根据炉壁残块的内面熔融情况看，黑色材料一直夯筑到炉腹的中上部。其上预热带的上腹部至炉口，系用一般青色砖券筑。炉基坑口以外系用黏土夯筑成外层，平面呈前后长的椭圆形炉腔。1号炉缸长轴4米，短轴2.8米，面积8.5平方米。炉前坑的积铁重约20吨，积铁径与炉缸径吻合。此炉清

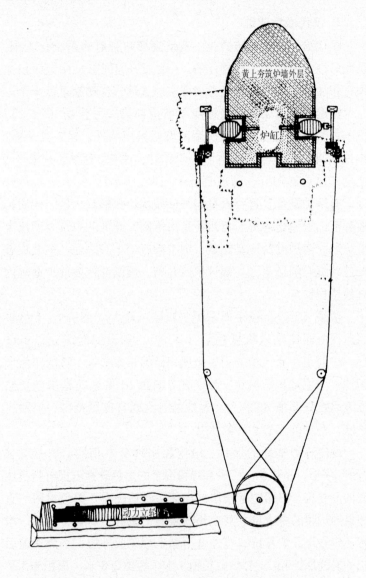

图五　河南郑州古荥汉代冶铁遗址 1 号炼炉复原示意图

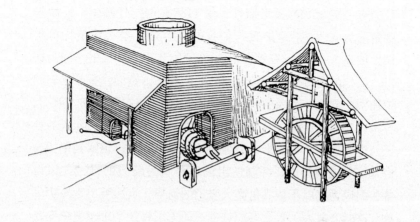

图六　河南郑州古荥汉代冶铁遗址 1 号炼炉与四柱坑复原示意图

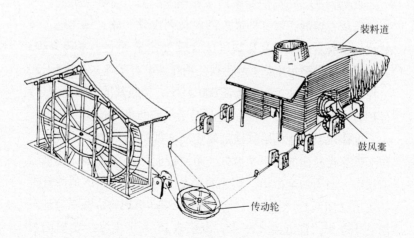

图七　河南郑州古荥汉代冶铁遗址 2 号炼炉与船形坑复原示意图

除积铁后未能修建和重炼，炉缸和炉基因而保存下来。积铁的西边有一高 2 米的叉形瘤柱，呈 118°夹角向外倾斜，反映炉腹角约为 62°，正是炉腹与炉身的接合处。据上述情况可推知，炉高 5～6 米，有效容积约 20 立方米。瘤柱叉的中间为缺口，叉口的内侧是架设较倾斜的鼓风管处，铁瘤柱正位于炉腔短轴中心部位，鼓入的风能接近炉腔中心。这反映当时为扩大容积以提高铁产量，对于鼓风和炉腔的相互关系已有深入的认识，进而创造出椭圆形大型炼炉。尽管当时也已觉察到单凭人力直接鼓风的局限，并制造出以人和马为动力的机械鼓风设备，但风力仍然不能满足高大竖炉的需要，更频繁出现冷炉事故。这时才放弃了扩大容积进程，而采用将单个中小型炉变成群炉以提高铁产量的新措施。这个新措施的产生与实施，在其他特大铁官作坊中也应同样存在。

首都钢铁公司高炉专家刘云彩根据矿石、生铁、炼渣、木炭、石灰石熔剂、每分钟鼓入的风量列出铁、碳、氧化钙、二氧化硅、渣量、煤气量和炉气中含碳气体量等七个平衡方程。并计算出 1 号炉每生产 1 吨生铁，消耗铁矿石 2 吨、石灰石 130 公斤、木炭约 7 吨，产生渣量 600 公斤。参照其他方面情况，1 号炉日产生铁约 0.5～1 吨。这是两千年前的杰出成就。

河南巩县铁生沟冶铁遗址属于河南郡第三号作坊（河三），位于铁生沟村西的向阳半坡处，距河较近[23]。遗址西 3 公里的罗汉寺、西边的金牛山、东北的青龙山等都是铁矿产地并有古矿坑道（图八）。周围有丰富的森林和煤矿等燃料资源。遗址东西长 180 米、南北宽 120 米，面积 2.16 万平方米，发掘面积 2000 平方米。共掘出炼炉八座及锻炉、炒钢炉、退火脱碳炉、烘范窑、多种用途的排窑、废铁坑、配料池、房基等（图九），

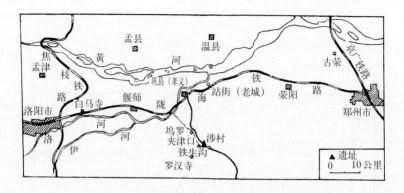

图八　河南巩县铁生沟汉代冶铁遗址位置图

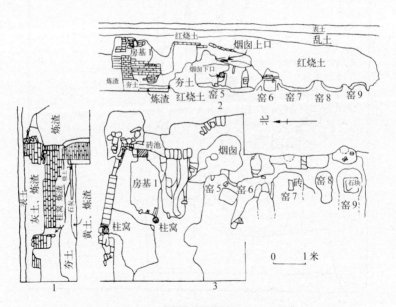

图九　河南巩县铁生沟汉代冶铁遗址房基 1 与排窑平剖面图

1. 北剖面图　2. 东剖面图　3. 平面图

是一处冶炼、铸铁、锻铁的联合作坊。

八座炼炉分布在遗址的东部、中部和西部，除两座为长方形外，其余都是圆形和椭圆形。在炼炉周围散布有许多疏松的炉料块和积铁块。炼炉的建造是在地下用掺有煤、石英砂和黏

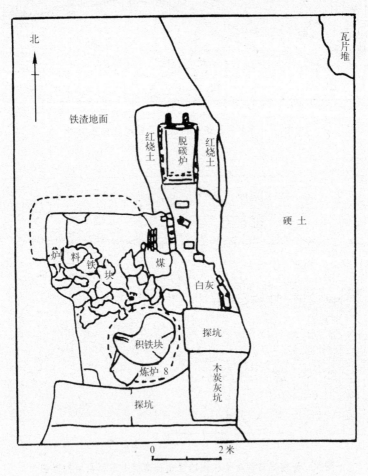

图一〇　河南巩县铁生沟汉代冶铁遗址 T12 平面图

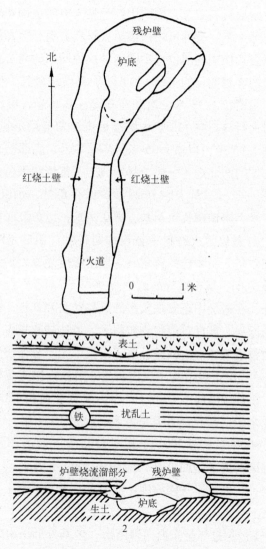

图一一 河南巩县铁生沟汉代冶铁遗址 T20 炉 4 平剖面图

1. 平面图 2. 剖面图

土的黑色耐火材料夯筑，周围用红色黏土夯筑成面积较大的方形或长方形炉基。有的虽用白色耐火材料夯筑，但却没有用到高温部位上且使用的部位也不固定。这说明当时尚未认识白色耐火材料的优越性。如 T2 炉 1 虽然炉身残破较甚，但炉基保存较好，东西长 1.33 米、南北宽 0.62~0.8 米，周围夯筑的是白色耐火材料。在 T12 炉 8 圆形炉中保留椭圆形积铁一块，积铁长轴 1.85 米，短轴 1.35 米，高 1.5 米，底部黏有黑色耐火材料。炉的西北边有一块炉料块，上下都堆积黑色耐火材料残块（图一〇）。T20 炉 4 的圆形炉保存最好，炉缸呈缶形，内径约 2 米，出铁槽长 3.4 米、宽 0.9 米，比炉缸底低 0.5 米（图一一）。黑色耐火材料中掺粗细两种砂，粗砂是圆颗粒的河砂，细砂是人工粉碎的棱角砂。根据弧度复原，炉内径应在 1.3~2 米之间，属于中等的炼炉。

此外，在遗址中还发现较多的成品铁块和铁板。作为熔铸或炒钢的原料，其白口组织晶粒粗大、铸造缺陷较多。

河南鲁山望城岗冶铁遗址属于南阳郡第一号作坊的附属作坊（阳一），位于鲁山县（汉代名为鲁阳县）城南关外道路东西两岗，俗称望城岗[24]（图一二）。遗址东西长 1500 米，南北宽 500 余米，面积达百万平方米。经过 1959 年、1976 年两次调查，2000 年末至 2001 年初对公路施工区内作了考古发掘。发掘区在遗址的西北部，面积约 2000 平方米。一处位于毛家村南、一处位于贺楼村南，前者是遗物堆积区、后者是 1 号炼炉区。

1 号炼炉炉缸体呈东西向椭圆形，炉基外形呈南北向椭圆形。长轴 17.6 米，短轴 11.7 米，发掘深 1.8 米（不到底）。基础外形和炉缸外形呈 90°。这样的炉基结构与郑州古荥"河

图一二　河南鲁山望城岗汉代冶铁遗址位置图

一"1号炉不同，风橐置于炉后，由两暗风管拐向炉缸两侧短轴进风，装料也由南北两侧斜坡上料。炼炉的基坑底层铺木炭屑，上铺白石灰，再上用黄褐色土和石灰层交替夯筑，每层约

10 厘米。在其上的炉缸底部，改用红褐土、石英砂料和木炭颗粒混合的黑色耐火材料夯筑。炉缸被晚期小炉打破，从残存的迹象看，炉门向西，长轴 4 米，短轴 2.8 米，与郑州古荥"河一"1 号炉规模完全相同。这是中国汉代第二座特大型炼炉（图一三）。

炉前（西）出铁口被毁，炉口处右侧有一条向西延伸的排渣槽，长约 6 米、宽 0.5 米、深 0.3 米。与排渣槽并行的是不规则的椭圆形炉前坑，坑中掩埋一大积铁块，长轴 3.6 米，短轴 2.5 米，最厚处 1 米，底部朝上，系被翻进坑内。南边又紧挨一积铁坑，其中积铁呈圆形，径近 3 米，其下未发掘而厚度不详。两坑中还有较多的小积铁块和渣块及残砖块、陶瓦片。出铁口处的南北两侧各有一带阶梯道的矩形坑，是炉前棚的柱础坑。炉后（东）有一与炉体作直角布局的横向四柱坑槽，槽口长 4.6 米、宽 1.1 米、深 0.6 米，在槽中部有等距（0.4 米）排列的四个圆柱坑，坑底由炼渣、板瓦和筒瓦片铺为柱础，柱坑径 0.5 米。此排柱坑是固定鼓风囊的设施。在四柱坑槽两端偏东各设一近方形的柱坑，两柱坑相距 5 米，坑底中央专设圆形石饼为柱础。此柱坑应是用于设置横梁悬挂鼓风囊的设施，作用是从炉后进行鼓风操作（图一四）。

炼炉亦因体形过大超出鼓风能力而造成过多的冷炉事故。此后便在大炉基的基础上改建成缸内径长轴 2 米、短径 1.1 米的中型炼炉继续冶炼。

其他遗迹有炉西北方砖筑的圆形水池一口，炉西南方八间组成的房基一排，其中部被一晚期窑址打破（图一五）。发掘的重要遗物除大量炼渣、炉壁残块、鼓风管残块、矿粉堆积和矿石外，还有较多制有"阳一"、"河□"、"六年"铭文的泥质

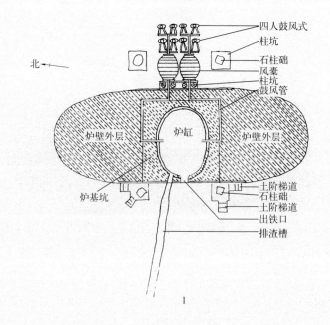

1

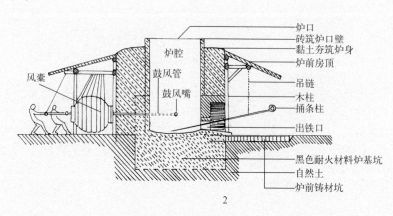

2

图一三 河南鲁山望城岗汉代冶铁遗址 1 号炼炉平剖面复原示意图

1. 平面复原示意图 2. 剖面复原示意图

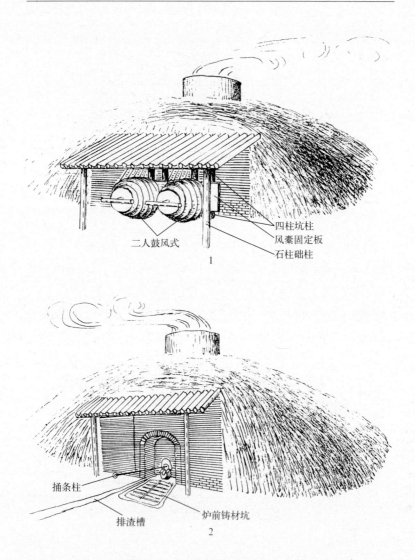

图一四 河南鲁山望城岗汉代冶铁遗址1号炼炉炉前、炉后与鼓风复原示意图

1. 炉前复原示意图 2. 炉后与鼓风复原示意图

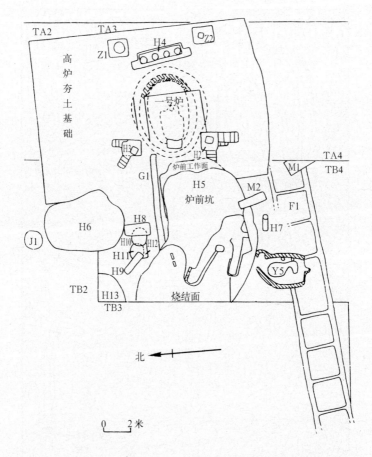

图一五　河南鲁山望城岗汉代冶铁遗址 1 号炼炉与其他遗迹平面图

铸模和泥范残块，陶瓦片等等。

　　河南桐柏张畈冶铁遗址位于固县乡大张畈村内及东地，东临毛集河、南滨小河且距离最近，面积 9400 平方米[25]（图一六）。调查发现遗址北部是矿石和矿粉堆积区。1958 年挖掘矿

图一六　河南桐柏张畈汉代冶铁遗址及铁矿分布图

粉厚达 5 米，约 2000 吨，含铁量 60%。散存炉壁残块甚多，外层残块也有夯窝，炉壁内层使用木炭屑、砂粒和黏土混合的黑色耐火材料，炉的上部至口部改用砖筑，砖的一端被烧熔。

特别值得提出的是，张畈遗址中的炼渣除与其他遗址相同的以外，还有一种泡沫状渣。其色灰白而重量极轻、非常松脆，便于运出，颇似现代在渣处于高温下泼水而形成的水渣。这是中国汉代冶铁作坊中唯一的一座水渣遗址，具有重要的研究价值。此外，遗址还发现有铁锄、铁锤、铁砧、铁斧、铁刀、铁板和三角形铁器及汉代陶器片、板瓦和筒瓦等。

山西冀城汾南冶铁遗址位于临汾南的中条山和太岳山之间，西汉时属绛县，并设有大铁官[26]。1996 年秋发现两块巨大的炉料块、竖炉基址和大量铁矿石。大积铁块破碎后内有木炭块，是因炉温不高、炉况不好而冻结于炉中。出土遗物有炉壁残块、耐火砖块、琉璃态炼渣、磁铁矿和磁黄铁矿等。从出有泥质铸范来看，此处是冶炼与铸造相结合的作坊遗址。

河南新安孤灯冶铁遗址位于石寺乡上孤灯村东北部，面积约 6 万多平方米[27]。挖掘出炼渣、炼炉壁和熔炉壁残块、罐藏铜钱、铁器、铁范、泥范及汉代陶器片、板瓦和筒瓦等。出土数套铁范处是个不规则的椭圆形窖藏坑，在铁质铲范、铁质锄范上铸有铁官铭，前两件是"弘一"、后者是"弘二"。上述情况说明，此处不但是冶炼与铸造相结合的作坊遗址，而且还是汉弘农郡的铁官作坊遗址。

此外，广西壮族自治区平南六陈汉代冶铁遗址全为圆形地炉并有海绵铁块，疑为块炼铁兼锻铁遗址。

3. 魏晋南北朝冶铁遗址

魏晋南北朝冶铁遗址，多数与汉代遗址一起，即从汉代延续至南北朝时期，如陕西韩城夏阳遗址。但也有些是新建立的作坊，如河南渑池遗址等。

渑池冶铁遗址位于渑池火车站东南，南临涧河边，北邻陇海铁路，面积 5.5 万平方米[28]。调查发现，遗址表面散布大量炼铁渣、炼炉壁残块和熔炉壁残块、烧结铁块及较多的东汉至北朝的陶片和瓦片。在陇海铁路南扩的断崖上有一个圆形铁器窖藏坑（详见后文）。这说明此处是冶炼与铸造相结合的作坊遗址。

此外，在新疆维吾尔自治区若羌县海头城址城门外发现魏晋时期的冶铁遗址[29]。同时，该县境内又发现冶铁遗址[30]。

4. 唐宋及以后冶铁遗址

据文献记载，唐宋及以后的冶铁业仍然很发达，作坊地点也较多。但此期冶铁遗址基本未作考古发掘，多是在文物普查时有些发现，调查资料甚为简单。

河南安阳后堂坡冶铁遗址位于铧炉、东街和官司三村之间，面积约 5 万平方米，文化层厚 1.5～3 米，分布有铁矿石、铁矿粉、炼渣、炼炉壁残块、用卵石筑的炼炉壁残块、含有矿石和木炭块的炉料块、汉代至宋代的陶瓷片等[31]。在一 5 米深的坑中埋藏九根铁柱构成棚架，方形铁柱长 2～3.05 米，径 0.06 米，经分析属白口铁。该遗址虽从汉代延续至宋代，但以宋代为主。

河南铧炉粉红江冶铁遗址位于铧炉村北的粉红江水两岸，有五处堆积如山的铁炼渣[32]（图一七）。断崖残存炼炉三座，由南向北排列分布，1 号炉就断崖由上而下挖成圆井式炉体腔，深 4 米、径 4 米，内用红砂质卵石筑砌炉墙但大部塌落，在腔壁上保留有卵石凹痕。2 号炉打破 1 号炉南部而建。3 号炉

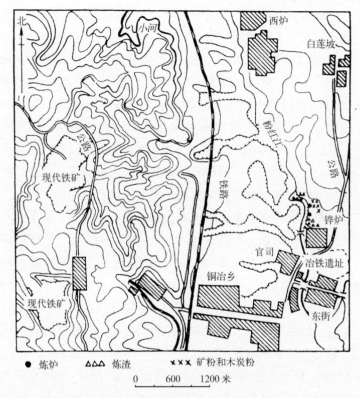

●　炼炉　　△△△　炼渣　　✕✕✕　矿粉和木炭粉

0　　　　600　　　1200 米

图一七　河南安阳后堂坡、铧铁粉红江冶铁遗址及铁矿分布图

距 1 号炉 180 米，深 4 米、径 2.4 米。2、3 号炉的用材和炉型同 1 号炉，3 号炉是唯一一座有炉口的炉子。大量炉渣中有淡绿琉璃体、黑色琉璃体和黑灰色琉璃体等类渣。经分析，硅 43.84%、钙 19.6%、镁 10.48%、锰 0.009%、硫 0.326%，属碱性很低的酸性渣。三座炉的炉口位于台地面上，在台地上面存放矿石和整粒矿石、木炭，就台地平面向炉口装炉料节约了装料的提升设备。出铁口和出渣口设在断崖下，鼓风和出

渣、出铁等操作都很方便。根据陶瓷片等遗物推断，其冶炼年代当在宋至元、明之间。

河南林州铁炉沟冶铁遗址位于林县城东 1.5 公里铁炉沟（又名铁牛沟）北 400 米的梯田岸上，自南向北有十个冶炼点[33]。每个冶炼点都有大量炼渣、炉壁残块、矿粉、煤粉和少数陶瓷片。第一点仅存自南向北倾斜堆积的渣层、炉壁残块。从陶瓷片看属唐宋时期。第二点仅存具有汉代特点的黏土炉壁残块、宋代特点的河卵石炉壁残块、大量琉璃态炼渣，依陶瓷片看应属从汉代至唐宋时期。第三点在台地断崖上残存一圆形炉基，内径 0.9 米，附近有较多渣块，从陶片、炉型和材料看应属唐宋时期。第四点在断崖上残存半径炉壁，残高 1.9米、径 0.8 米、壁厚 0.2~0.4 米，炉墙用红、白两种卵石砌筑，属唐宋时期。第五点残存炉底大部分，残高约 1 米，径约0.9 米，用红、白两种卵石建成，时代与第四点同。第六点残存炉底，外径 2.2 米，亦用红、白卵石建筑，时代亦与第四点同。第七点属于炼渣堆积区，渣的特点与第一、二点同，渣层长 16 米。第八点在两河的汇合处残存炉底一座，台地上的南边散存 190 平方米的矿粉，北边散存 150 平方米的煤粉，属宋代。第九点靠近第八点的矿粉和煤粉堆积区，残存炉基一座，是八、九两点炼炉共用一个矿石和煤的堆积，时代同第八点。第十点位于小河台地边沿，残存三个炉基一字排列，破坏较甚，遗物仅有宋代瓷片。

铁炉沟是唐宋时期重要的冶铁基地之一，这十个点应有十座炉冶炼。以煤为燃料和以含硅量较高的卵石为冶炉材料已很普遍。就断崖建炉有利于提高炉温并省去提升设备，也是其一大进步。

河南林州申村冶铁遗址位于县城东北 11 公里申村的东北地，东临小河，地势平坦，面积 30 万平方米[34]（图一八）。东北部是冶炼区，挖矿粉时发现残炉址二十一座，保存较好者四座。其 1、4 号炉底尚保留炉衬五层。2 号炉衬多达八层，底径 1.3 米，说明是长期使用的中型炼炉。5 号炉虽被挖毁，但残块仍在而可以复原原貌。5 号炉的炉缸墙分三层，外层是侧立砌的瓦状弧形砖、中层是平砌的扇形砖、内层是叠砌的弧形砖（断面是正方形），内面糊炉衬。还有大量矿粉、弧形炉壁残块、红色砂质卵石建造的炉壁残块。1974 年曾挖出矿粉1625 吨，其含铁量 40% 以上。南部是生活区，布满了砖瓦块和陶瓷片。卵石结构炉是炼铁炉，弧形砖式炉应是熔铁炉，但未发现铸范。它们分属于唐代、宋代和元代，兴盛期在宋代。

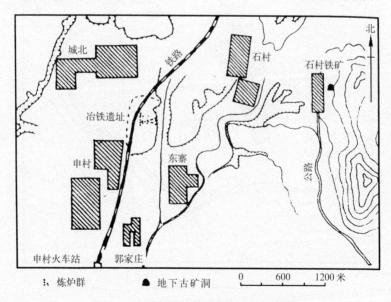

图一八　河南林州申村冶铁遗址分布图

河南南召太山庙下村冶铁遗址又名南高铁炉，位于下村的南地，是鸭河与小河交汇处的高地上，面积1.6万平方米，残存炼炉七座并呈圆圈形分布[35]（图一九）。其中6号炉保存最好，残高3.6米，外径6.1米，内径3.5米，壁厚0.8～1米。炉壁均用河卵石建造，石缝填耐火泥，石壁外是0.5米厚的红烧土层。6号炉的上腹内部筑成78～80°的内倾炉身角，说明铁炉结构到宋代发生重大改革。这样既改善煤气分布、节

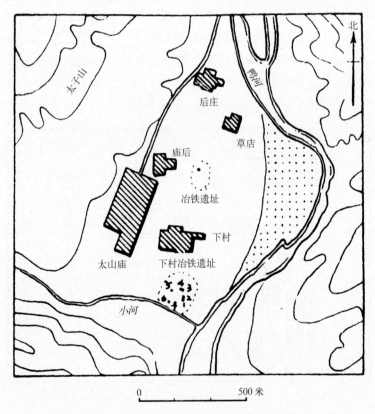

图一九　河南南召太山庙下村冶铁遗址分布图

省能源，又有利于炉料顺行、减少炉壁磨擦而延长炉子的寿命。

在下村遗址北不足 1 公里处的庙后村又有一处北高炉遗址，与下村相同。

（三）冶银遗址

商末周初，有色金属中用于制器最多者是银和金。自两汉以后乃至近代，有色金属的品种和用量大增。这些金属的开采和冶炼遗址也应为数不少，但目前的考古工作仅是对银、金冶炼遗址的调查。

笔者在河南桐柏县的围山村、圆柏树村及栾川县的红洞沟作了调查。围山村是破山洞矿的冶炼作坊，属银铅共生矿，但以炼银为主。圆柏树是银矿的矿冶作坊遗址，属银金共生矿，但古代以炼银为主而现代以炼金为主。红洞沟是矿与冶炼结合设置，洞口外就是冶炼遗址，属于银锌共生矿，但以炼银为主。

1. 唐宋冶银遗址

上述桐柏县围山村遗址和圆柏树村遗址属于唐宋冶银遗址。

围山村冶银遗址位于观音河与山坡之间的窄长平地处，西南是大破山矿址，正南是小破山矿址，东边是官驿村。东西长500 米，南北宽 25～70 米。遗址内的碎炼渣和坩埚残块为数甚多，其中西北部饼式渣较多，似属竖炉冶炼区；东南部坩埚残块及坩埚渣最集中，似属坩埚冶炼区，采用竖炉和坩埚两种冶炼法。

坩埚残块呈两端直径相等的圆柱形，口沿较薄，均残存中上段。有大小两种，大者直径 9 厘米，厚 4~5 厘米，坩埚内的上半部含坩埚渣。饼式渣块近正圆形，中厚周薄，渣的直径 30~36、中厚 6~10 厘米。饼式渣型与湖北铜绿山唐宋时期饼式渣基本相同。具有代表性的陶瓷片有双耳敛口高领鼓腹罐片，褐灰色，具唐宋时代特点；蓝花白釉、黑花白釉瓷片是明代的物品。

圆柏树冶银遗址位于银洞坡正南的观音河南岸，西北与大夏店、正西与官驿村隔河相望，南北 170 米，东西 120 米。遗址中仅见饼式渣一种，渣型与围山村饼式渣相同，但未找到陶瓷片。

2. 明清冶银遗址

除桐柏县围山村冶银遗址沿用至明代外，栾川县红洞沟也有明代冶银遗址。

栾川县冶银遗址位于陶湾乡西北红洞沟村前两小河交汇处的三角地带[36]，北与矿洞隔河相望，东与村宅紧接，大体呈三角形分布，面积 1250 平方米。因农民长期耕耘而很难采集到冶炼遗物，仅在河边和小断崖上发现红烧土块、炼渣块、瓷片、陶片和瓦片。根据瓷片、陶片和瓦片的特点来看，最早约在元代，最晚在清代，大多数在明代。

注　释

[1] 韩汝玢、柯俊《姜寨第一期文化层出土黄铜制品的鉴定报告》，《中国冶金史论文集》（二），《北京科技大学学报》增刊，1994 年 3 月。

[2] 河南省文物考古研究所等《登封王城岗与阳城》，文物出版社 1992 年版。

[3] 中国社会科学院考古研究所《偃师二里头》（1959 年~1978 年考古发掘报告），中国大百科全书出版社 1999 年版。

[4] 河南省文物考古研究所《商代铸造青铜器手工业作坊遗址》，《郑州商城》，文物出版社 2001 年版；李京华《中国河南省郑州市の商代铸铜遗址の调查研究》，日本金属学会《金属博物馆・纪要》，1998 年第 29 号；李京华《中原古代冶金技术研究》（第二集），中州古籍出版社 2004 年版。

[5] 笔者受盘龙城遗址发掘者陈显一先生之约，于 1988 年 10 月上旬到盘龙城工地考察铸铜遗址问题。虽然在发掘中没有采集到任何泥范和熔炼炉壁残块，但根据较多的碎熔渣和绿锈仍可将其定为铸铜作坊遗址。

[6] 1984 年夏，笔者在湖南参观皂市商代遗址时，从挑出准备处理的烧土块遗物中发现三件泥质铸范，其中一件是柱状鼎足范。说明此遗址有铸铜作坊。

[7] 李延祥等《牛河梁冶铜炉壁残片研究》，《中国冶金史论文集》（三），《北京科技大学学报》增刊，2002 年 4 月。

[8] 黄石市博物馆《铜绿山古矿冶遗址》，文物出版社 1999 年版。

[9] 同上。

[10] 同上。

[11] 梅建军、李延祥等《新疆奴拉赛古铜矿冶遗址冶炼技术初步研究》，《中国冶金史论文集》（三），《北京科技大学学报》增刊，2002 年 4 月。

[12] 张国茂《安徽铜陵古代铜矿开采与冶炼》，《青铜文化研究》（第一辑），黄山书社 1999 年版。

[13] 同 [8]。

[14] 安志敏等《山西运城洞沟的东汉铜矿和题记》，《考古》1962 年第 10 期。

[15] 河南省文物考古研究所等《镇平楸树湾汉宋时代铜矿冶遗址调查》，《华夏考古》2001 年第 2 期。

[16] 李家瑞《关于云南开始制造铁器的年代的说明》，《考古》1964 年第 4 期；童恩正《对云南冶铁业产生时代的几点意见》，《考古》1964 年第 4 期。

[17] 北京钢铁学院《中国冶金简史》编写小组《中国冶金简史》第 41 页，科学出版社 1978 年版。

[18] 鹤壁市文物工作队《鹤壁鹿楼冶铁遗址》，中州古籍出版社 1994 年版；李京华《鹤壁市故城古代冶铁遗址》，《中国考古学年鉴》第 188 页，文物出版社 1989 年版。

[19] 李京华《辉县市共城战国冶铁遗址》，《中国考古学年鉴》第 253 页，文物出版社 1990 年版。

[20] 河南省文物考古研究所等《阳城冶铁遗址》，《登封王城岗与阳城》，文物出版社 1992 年版。

[21] 李京华《西平酒店冶铁遗址》，《中国名胜词典》，上海辞书出版社 1981 年版；李京华《舞阳钢区古冶铁遗址》，《中国考古学年鉴》第 187 页，文物出版社 1989 年版；李京华《舞阳工区圪挡赵等古冶铁遗址》，《中国考古学年鉴》第 253 页，文物出版社 1990 年版；李京华《古代西平冶铁遗址再探讨》，中国冶铁历史博物馆《中国冶金史料》1990 年第 4 期。

[22] 郑州市博物馆《郑州古荥镇汉代冶铁遗址发掘简报》，《文物》1978 年第 2 期；《中国冶金史》编写组《从古荥遗址看汉代生铁冶炼技术》，北京钢铁学院学报编辑部《中国冶金史论文集》，1986 年 10 月；丘亮辉、于晓兴《郑州古荥镇冶铁遗址出土铁器的初步研究》，北京钢铁学院学报编辑部《中国冶金史论文集》，1986 年 10 月；郑州市文物陈列馆《古荥镇的汉代炼铁遗址规模之大全国罕见》，《郑州晚报》1965 年 12 月。

[23] 河南省文化局文物工作队《巩县铁生沟》，文物出版社 1962 年版；李京华、韩汝玢《巩县铁生沟汉代冶铁遗址再探讨》，《考古学报》1985 年第 2 期；《中国冶金史》编写组等《关于"河三"遗址的铁器分析》，北京钢铁学院学报编辑部《中国冶金史论文集》，1986 年 10 月。

[24] 河南省文物考古研究所等《河南鲁山望城岗汉代冶铁遗址 1 号炉发掘简报》，《华夏考古》2002 年第 1 期。

[25] 河南省文物考古研究所、中国冶金史研究室《河南省五县古代铁矿冶遗址调查》，《华夏考古》1992 年第 1 期。

[26] 段红梅、韩汝玢等《山西战国中晚期铁器及冶铁遗址再考察》，《中国冶金史论文集》（三），《北京科技大学学报》增刊，2002 年 4 月。

[27] 河南省文物考古研究所《河南新安县上孤灯汉代铸铁遗址调查简报》，《华夏考古》1988 年第 2 期。

[28] 河南省博物馆等《渑池发现的窖藏铁器》《文物》1976 年第 8 期；北京钢铁学院金属材料系中心化验室《河南渑池窖藏铁器检验报告》，《文物》1976 年第 8 期；李众《从渑池铁器看我国古代冶金技术的成就》，《文物》1976 年第 8 期。

[29] 张玉忠《若羌县海头城址（LK 城址）》，《中国考古学年鉴》第 277 页，文物出版社 1989 年版。

[30] 张玉忠《若羌县 LL 城址》，《中国考古学年鉴》第 278 页，文物出版社 1989 年版。

[31] 河南省文物考古研究所等《河南省五县古代铁矿冶遗调查》，《华夏考古》1992 年第 1 期。

［32］同上。

［33］同上。

［34］同上。

［35］同上。

［36］李京华《栾川县红洞沟古代铅、锌、银共生矿冶遗址》，《中国考古学年鉴》，文物出版社 1989 年版。

三 中国古代金属铸造锻造遗址的发现与研究

由于新石器时代烧陶技术的先进，早在裴李岗文化晚期及仰韶文化时期就采用了火力集中的直烟窑烧陶。当时在高温区已把石英砂粒烧熔而出现琉璃相，使陶器表面产生了光彩，考古界称之为"原始瓷"。到铜器时代，直烟窑的优越使得低温还原炉很快遭到淘汰，取而代之的是高温竖炉。由低温固态还原到高温液态还原（熔化）的过渡期如此之短，完全出乎科技界的预料。进而液态冶铜又导致了液态冶铁。

丹麦考古学家在百多年前把固态还原的块炼铜铁二金属称其为人类发展进程中的第二、三块里程碑。但根据中国的冶金技术史，应当使块炼铜铁二金属让位给液态铜铁二金属。

在液态成型的铸造工程中，又有液态熔化、液态铸造、固态脱碳还原三个程序，三者缺一不可。中国创造的三个程序的技术是先进而科学的。这在许多遗址中得到了体现。

（一）　铜器铸造遗址

中国铜金属铸造有着悠久的历史。

在早期遗址中发现小型的铜工具、铜用具、与制铜有关的遗物，的确不是偶然的现象[1]。我们从出土的小型铜器残片及相关遗物中可以了解到此期铜器铸造的大概情况。

仰韶文化时期的陕西姜寨遗址出土的铜块是目前出土最早

的人工冶炼获得的铜块，但还不是器具[2]。

山西陶寺龙山文化铜铃[3]和河南登封王城岗龙山文化盉形器残块[4]的共同特点是中空。但盉形器曲腹多变、普遍壁厚仅0.3厘米，属于技术复杂的铜器铸品。若是用相同的技术铸造与陶鼎大小相同的铜鼎，在技术上是可能的。若是用于铸造锛、斧之类的工具，更是完全可行。

龙山文化中期的河南汝州煤山遗址[5]和郑州牛砦遗址[6]分别出土有炉壁残块，显然当时已脱离了最原始的阶段。牛砦遗址的炉壁残块，经分析是熔化铅青铜的炉壁[7]。煤山遗址的炉壁有六层熔层，说明此炉经过五次停炉维修，是多次使用的熔炉。炉中铜的近似值为95%，说明此炉是熔化红铜的熔炉[8]。煤山遗址东北的两个单生铜矿均有老矿洞，可见是就地采铜、冶炼和铸器的。

值得注意的是：一、在当时的技术条件下，采矿与冶炼较为原始，铜器产量有限。生产工具和生活用具仍需使用较多的石器、骨器和陶器。二、鉴于上述原因，用坏用废的铜工具与生活用具可能重熔再铸新器，所以它们存世极少。

1. 夏代铸铜遗址

河南偃师二里头新庄西南边的铸铜遗址，面积近万平方米。现已发掘的是铸铜作坊的西部、北部和东北部。中国社会科学院考古研究所的《偃师二里头》考古报告，将偃师二里头文化第一至三期定为夏代，第四期定为夏代与商的过渡期[9]。由于考古成果尚未完全公布，目前只能根据发掘资料和发掘品进行综合研究。下文将从炉壁残块、泥质范、熔炼渣、浇口铜、铜工具、各类铜残块等方面入手。

炉壁残块最长者8.7厘米，最高（宽）者6.3厘米，根据弧度推测炉的直径约 20 厘米，深约 18 厘米，加上炉口圈的深度约 25 厘米。炉子制成葫芦瓢形是为了增设流的部位。熔炼时是炉，熔炼后是浇包。除掉炉口圈和浮渣，把流对准浇口进行浇铸，一举两得。炉衬最多者四层，说明经过三次维修并继续熔炼。可知夏代熔炼炉使用时间较长。炉口圈的应用可增加炉子高度（深度）并提高容积，为铸造中型铜容器创造了条件。这是竖炉熔炼的新阶段。大部分炉内壁中上部表面呈现灰白色熔炼现象，说明熔炼次数不是太多，炉子仍然具有一些原始性。

　　残泥范较好者二十五件，看不出用于铸造何物。范系用经特殊筛选的细黏土制成，断面致密，并用氧化焰烘烤成红色。较多范块的铸面涂红色细泥浆涂料，个别为黑色，铸面较平光。外范材料内增加草叶和谷壳灰，用于提高范的铸造性能。范芯内拌入谷壳和草叶，烘烤后成微空隙，以改善范芯的退让性和透气性。范外刻制合范符号。范的铸面刻制凹弦纹、凹双人纹，似为铸造铜容器范，有的残存有浇口杯。商周铸铜遗址中常见的烘范、范中植物灰（硅酸体）、涂料等在此均有发现。这体现了夏代铸范造型技术的科学水平。

　　在铸铜作坊中，熔炼渣应是大量存在的，尤其是粉状渣更为普遍，可惜报告对此并没有提及，仅见七件标本。渣形分六种，其内断面有杂质并较轻、含炭屑而粗糙者应是浮渣。笔者认为，应当是熔渣而不是用矿石熔炼的炼渣，并推测有两种可能：一、似用含铜量甚高的绿松石为原料，又因发掘部位属边缘地带，少量琉璃态炼渣未被发现。二、系用矿区冶得的铜为原料，在此重熔（精炼）铸器。据前述推测，遗址内的炼炉似为熔炼炉而不是冶炼炉。

浇口铜分两种。一种属于浇道段者，共三件，断面呈初月形，应是较小型容器圈底处的浇道，浇道似设在外范的范芯座处，但缺少浇口杯部位。其中两件较小、一件较大，但端部和体部同厚，说明尚未发展到自割性内浇口。这种较原始的浇口在打掉浇口铜时容易损伤铸件。另一种属于浇口杯和内浇口铜，浇口杯部位呈椭圆形，顶部有补缩坑，其下是人字形的两个内浇口，断面呈圆形，两侧有不十分明显的合范缝线。此式浇口设在内外范的芯座处，两面各挖制弧形半径浇口。根据两内浇口的间距仅有 1 厘米来看，可能是铸造铜锥、铜钩的浇口铜（图二〇）。虽然在时间上属二里岗期，但应视为是夏代浇口的延伸。

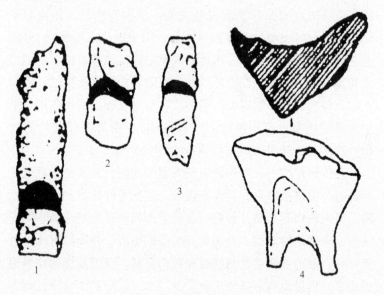

图二〇　河南偃师二里头夏代铸铜遗址出土浇口铜

1～3. 浇口铜（ⅣVT14③: 12、ⅣVT11②: 6、ⅣVT21④: 10A）　4. 浇口铜（VD2 南 T3③: 1）

图二一　河南偃师二里头夏代铸铜遗址出土
铸镶绿松石圆形铜牌 X 光透视图案

　　铜器残块的形式较多，主要有以下几种：一、铸镶绿松石
圆形铜牌（VKM4∶2），直径 17 厘米，厚 0.5 厘米，铸镶绿松
石饰件六十一件（图二一）。二、漫溢铜块是在浇铸铜器的过
程中因一时不慎造成铜液漫溢于地而形成的，越薄者说明铜液
流动性越好。三、铜容器残块有口部、足部、腹部等。这样的
残块在商周铸铜作坊中是常见的遗物，也是铸铜遗址内典型的

物品之一。

铜铃（VM22：11）肩部倾斜中有弧形纽，口大，体呈合瓦形，说明拔模斜度良好。使用两外范与一件芯合铸，不设顶端范。纽两侧的椭圆形小孔是芯的顶端特制的自带芯撑形成的芯撑孔，一可有效控制铃的通体厚度，二又兼铸出椭圆形系孔，十分科学。一侧的扉块是仅将浇口打掉而无法打掉浇道铜所致，说明内浇口设置不当。这种形状的铃在山西陶寺文化遗址中也存在，但铃体较短，顶部仅有孔而无纽，铣部没有扉块，显得较为原始[10]。铜爵三件，第一件（ⅧT22③：6）出自第三期，第二件（采：65）和第三件（ⅦKM7：1）出自第四期。第一件的原始性在于没有柱，三足甚矮而不等距布局，爵体不规整，口沿直平，高 12 厘米。第二件特点是增设具有装饰性的乳钉柱，三足分布接近等腰三角形，体形较前规整，口沿呈凹弧流线形，高 16 厘米。第三件最进步的特点是爵柱升高，三足分布规矩并延长而端部锐尖，流和尾窄而长，鋬面铸饰窄长的芯撑孔（镂孔），高 26.5 厘米。鋬芯的设置，既能有效控制鋬的厚度，又能增设具有装饰效果的镂孔纹。铜爵的铸造技术表现在腹段、流和尾向两侧延伸，两块范合铸即可；足段的三足呈三角形布局，似以三块外范为妥；上下两段分段造型，最后接范铸造。鋬部是设有活芯块还是埋入鋬范，有待进一步发现。铜斝（Ⅴ采M：66）鋬体窄薄，表面有垂直合范缝线，鋬内面及腹部有范芯痕迹，三足正面各一条垂直合范缝线。腹部铸有由凸弦纹和圆圈纹组成的宽带纹。鋬和一足上下对应。斝由三块外范、一件腹芯、一件足芯和一件鋬芯合铸成形。

总之，河南偃师二里头夏代铸铜遗址内的熔炼炉基本上发展到多次熔炼的液态竖炉，可熔炼出流动性较好的铜水，并能铸造出形体复杂的薄壁容器。葫芦瓢式熔炼炉是夏代独具特点的炉型。泥质铸范的材料经过特殊筛选并加入植物灰，但植物灰因烘烤温度低而未能达到晶粒型硅酸体程度。泥范经过烘烤必然需要烘烤设备。铸面使用了分型剂。扉铜片的存在说明合范准确率欠佳。浇口铜的不同说明铸造铜器品种的多样化。夏代铸铜技术既有原始性又有进步性。此期铸造铜容器的技术已经创造出来，但仍在不断的改进与提高。如前述铜爵的形体由不规整到规整，容量也在不断扩大。

2. 商代铸铜遗址

此期代表性的铸铜遗址是河南郑州商城南北两处遗址[11]和安阳殷墟铸铜遗址[12]。前者又包括南关外铸铜遗址和紫荆山铸铜遗址（图二二）。

南关外铸铜遗址位于陇海公路及两侧楼房之下，原始地面是中高周低的漫平丘陵地带，总面积2.5万平方米。发掘区在中部，南北长约130米，东西宽约90米，面积1.1万平方米。具体属于二里岗下层二期和上层一期两个时期。

目前发现的遗迹有白灰面地坪（建筑基址）、铜锈面（铸造场地）（图二三），有围墙的铸铜场地土台（又一类型的铸造场地）、壕沟（铸造作坊的边界，北区构成方形，兼排水）、熔炉壁和铸范堆积坑、土壁水井、铸铜废物堆积坑，有足蹬窝的窖藏坑、不规则形的取土坑、储沙坑、烘范坑（原名熔炉底）等。最为重要的遗迹是烘范坑。烘范坑呈葫芦瓢形但底部较平整，口部残毁，残径1.6～2.6厘米，周壁残高0.6厘米。底部使用粗砂粒和黏土混筑，周壁敷有6厘米厚的草拌泥，壁面烧成红色，局部呈青灰色。内有填堆炉壁残块、木炭屑、铜渣和红烧土块等。原报告中没有详细说明红烧土块的特点。

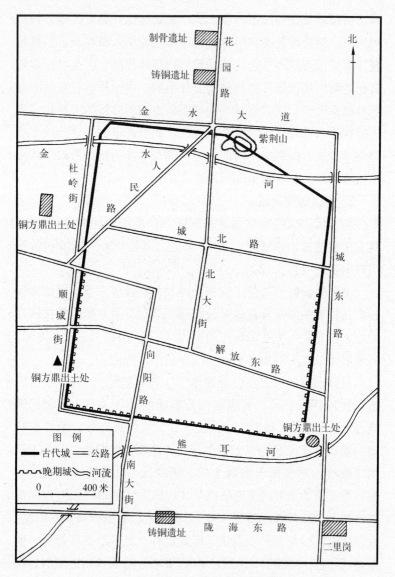

制骨遗址

铸铜遗址

花园路

北

金 水 大 道

金水人民路

紫荆山

金
杜岭街

铜方鼎出土处

河

城北路

北大街

城东路

顺城街

▲

铜方鼎出土处

解放东路

向阳路

铜方鼎出土处

图例

古代城 ———公路

晚期城 〜〜河流

0   400 米

熊耳河

南大街

铸铜遗址

陇海东路

二里岗

图二二　河南郑州商城铸铜遗址位置图

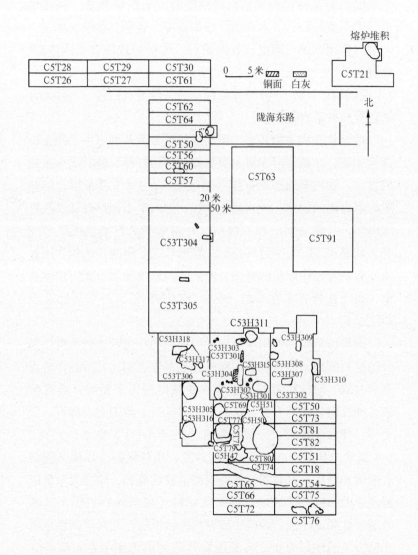

图二三　河南郑州南关外商代铸铜遗址探沟及主要遗迹分布图

出土的遗物较为丰富，有铜矿石、熔铜炉残块、泥质铸范、熔铜渣、砺石、木炭屑、残铜器等。各期具体情况如下。

二里岗下层二期遗物有铜矿石、熔铜炉残块、泥质铸范、残铜器等。

铜矿石二块，一件呈棕红色，另一件呈灰白色。两件均含绿色颗粒并带有光泽。

熔铜炉残块为数甚多，根据形状可分为两种：一、陶大口尊壳式炉。在制作时先将大口尊敛口部位打掉，使其成为微敞的直口。在内壁通体糊有掺沙的草泥3.5～4.1厘米厚，使其成为耐高温的炉壁，外表面糊草泥。炉内壁表面熔融成黑灰色琉璃体，并黏有铜渣和木炭屑。外面草泥呈青灰色或红色泥壳。残高32厘米，残口内径20厘米。二、陶缸壳式炉。用沙质厚胎的陶缸作熔炉的骨壳，在缸的内壁糊沙质草泥为炉壁衬层，表面被烧熔成琉璃态，不少处黏有铜渣，外表面糊草泥（图二四）。

泥质铸范全部使用经过淘洗的细泥和经过筛选的沙粒相混合的材料制成，因铸物不同和内外范部位之别，其沙的含量也有所差别。对沙粒考察后发现，沙粒经过人工粉碎，具有棱角；沙粒的岩相有石英、正长石、斜长石、角闪岩、辉石、云母等；沙粒的粒度，一般控制在小的0.2～0.3毫米，大的7～8毫米。凡是铸造铜器表面的外范，用沙量甚少以提高铜器表面的光洁度；凡是用于铸造铜器空腔的范芯，除增大沙量以提高芯的强度外，还增加草木灰材料（硅酸体）以提高范芯的透气性和退让性。铸范中细颗粒的沙可能与北区铸铜场地两个储沙坑的沙料有关。各种泥质铸范的烘烤颜色基本都是红色、橙红色和橙黄色。均采用氧化焰烘烤，烘烤温度约700℃。

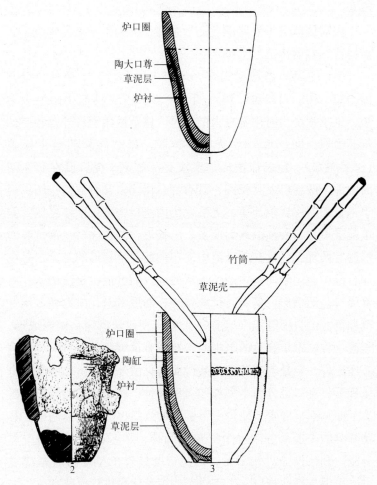

图二四　河南郑州南关外商代铸铜遗址熔炉与鼓风示意图

1. 陶大口尊壳熔炉复原示意图　2. 陶缸壳熔炉　3. 陶缸壳熔炉与鼓风复原示意图

范的铸面呈深灰色至黑色，尤其是多次铸造的工具范，黑色面呈层状，似涂有专用涂料（分离剂），涂料之细颇似植物熏灰。

　　泥质铸范可辨出器形者七十余件，分为生产工具铸范、兵器铸范、容器铸范三大类（图二五）。

　　生产工具铸范数量很多，可辨出器形者五十余件，仅有镬、斧、凿、刀四种。镬范四十一件，占工具范中的绝大多数，足见镬是当时用量最大的工具。镬范系由两件外范和一件范芯组成，即一件外范有楔形铸腔、另一件外范是平板范（又名范盖）。范芯作楔形，上段有范芯座。浇口设在芯座两面中部，两浇口形状相同，既有浇口作用，又有冒口作用。由于报告的内容比较简单，无法算出内浇口与铸件壁厚之比，但单就浇口本身断面的倾斜度看，已接近自割性浇口。镬范芯的形制有两种：一是在单合范中使用的断面呈梯形的芯，二是在双合范中使用断面呈中凸长方形的芯。前者浇口是浅槽形，后者浇口是凹槽形。前者时代应偏早，而后者时代应偏晚。从外范和范芯的合模缝线（竖脊）来看，表面现象均是模制成形。斧范一件，系单合范的平板范，铸面有黄绿色的斧铸痕。凿范芯座三件，全是凿的范芯座残段而未见凿外范。凿芯的断面全呈梯形，浇口也分扁平型和凹弧型两种，属于早期的器形。凿芯上面宽而下面窄，使得上下两面的浇口也形成宽窄两种。芯座两侧的中上部各制一个三角形凸榫，从 C5H48：27 的中部有浇口和铸件分界线来看，内浇口和铸件的壁厚似有厚薄之分，接近自割性浇口。三件凿芯均用氧化焰烘烤成砖红色。刀范残块五件，长条板状形，一扇有刀腔、一扇平面，范腔中有刀身、刀柄的黑色铸痕。烘烤成砖红色。

　　兵器铸范仅有镞、戈两种。镞范六件，制成两扇都有镞腔的范。从残存的范面看，均呈现树形布局，少者一范铸五件，

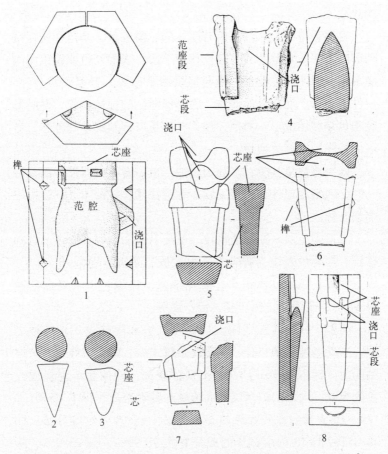

图二五　河南郑州南关外商代铸铜遗址出土泥质铸范

1. 鬲范（C5.3H310：19）　2、3. 鬲足范芯（C5.3H315：40—1、C5.3H315：40—2）　4～7. 镢芯（C9.1H162：18、C5H50：50、C5.3H302：10、C5H50：27）
8. 镢范（C5H50：31）

多者一范铸十一件。两侧的榫卯残失。镢范精细致密，铸面光洁并涂有黑色涂料，属于多次浇铸的范。戈范一件，仅存戈内的残段。

容器铸范残块八件，仅有鬲、斝、爵三种。鬲范现残存鬲裆部的范芯、足范芯，足芯仅存中下段。表面红色或黄色而内面灰色，说明温度偏低，氧化焰烘烤不彻底。斝范残块三件，一件似腹部、底部处的残块。底部保存足的顶端一段，说明斝腹和足是整体成形。爵范二件，一件是口部和腹部的范芯，另一件是腹的饕餮纹残块。

残铜器数量甚少，多数因锈蚀严重而看不出器形。铜刻刀一件，残铜片二件。铜棍五段，有圆柱体、三棱体、一端粗一端细三种。

二里岗上层一期中遗物较二里岗下层二期明显增多。有铜矿石、熔铜炉残块、铜熔渣、木炭屑、泥质铸范等。

铜矿石一件，体积小，质纯细腻，棕绿色。主要成分铜49.95%，余为铁、钙、硅、铝、镁等。

熔铜炉残块除前述陶大口尊壳式炉和陶缸壳式炉两种之外，本期增加了第三种——草泥条筑式炉。陶大口尊壳式炉炉型同前。标本 C5T61①：93—1 残存腹部，外面涂草泥烧成红色龟裂纹，内面的炉衬层熔成琉璃态黏附熔渣；标本 C5T61①：89—10 腹部内壁残存琉璃态炉衬层 1～2 厘米。经分析，标本 C5T62①：13 内层铜渣的成分有铁 37.99%、铜 23.9%、硅15.6%、铅和锌 0.08～0.18%；标本 C5T62①：11 内层铜渣的成分有硅 38.96%、铜 33.92%、铁 7.56%、铝和锌 0.13～0.66；标本 C5T62①：12 内层铜渣的成分有 37.28%、铜7.26%、铅和钙 6.25～6.96%、锌和镁 1.96～2.59%。这表明炉温偏低造成原料不能充分融合。陶缸壳式炉炉型同前，炉表面有涂草泥和不涂草泥两种。标本 C5T59①：35—1 保存较完整，仅内壁保留 0.5 ~ 2 厘米厚炉衬层，残高 29.6 厘米、口径 27.8 厘米、厚 1.6 厘米。标本 C5T61①：93—2 是缸式炉壁外的草泥层，厚 2 厘米，似现存最厚者。草泥条筑式熔炉系用掺砂的草泥条盘筑而成。标本 C5T21①：23 厚 4.5 ~ 5 厘米，外面糊草泥 1 ~ 2 厘米，内壁的炉衬层带附渣 0.6 厘米，其总厚 6.6 ~ 7.6 厘米。根据弧度测算，内径 30 ~ 36 厘米，加上壁厚的外径 43.2 ~ 50.4 厘米。这可能是当时的大型熔炉。上述三种熔炉实际应是两种类型：一是陶壳式小型炉，二是草泥条筑式大型炉。

铜熔渣存量最多的是北区场地，C5T61 和 C5T64 两探沟中的上层（一期文化层）中为数最多并十分集中，似为渣的堆积处。较大块者一百余件，重 8 千克。标本 C5T61①：98 为最大块，18 平方厘米，渣内没有残石相，是蜂窝状的浮渣。标本 C5T61①：93—20 渣内残存有铜镞、铜刀和木炭屑，显然是熔铜的炉料块。

木炭屑主要出土于南北二区的上层（一期文化层）灰坑中，尤其在 C5T64 内的壕沟中为数更多。木炭屑长者 6 厘米、直径 1.5 厘米。木炭应是熔铜的主要燃料。

泥质铸范质地上下层相同。范的铸面在浇铸时灼成灰色，外范和范芯的材料有别。范块数量很多，可辨器形者一百六十件，分为生产工具铸范、兵器铸范、容器铸范三类。

生产工具铸范八十一件，有镢、斧、锥、刀、锉四种。有的工具、容器与兵器通用。

镢范六十件，其中外范十九件、范芯四十一件。外范均为残块，整体范形同下层二期。残存上段、中段和下段者均有，可以参考复原。标本 C5.3H317：146 属合范的芯座段，上部中央是浇口，浇口两侧各有一枚三角榫卯，其下是弧形镶刃口的镶腔。镶腔顶端有横棱槽，用于铸出镶錾口的凸弦纹。复原长22厘米、宽9厘米、厚4.6厘米。标本 C5.3H307：22—1、2平板范，铸面有青灰色铸痕。范芯通体呈现上宽下窄和上厚下薄的楔形，由芯座和芯体组成。芯座中央上下两面设凹形浇口，芯座的两侧各设一枚三角形榫。范芯的断面呈梯形、横长方形和横六角形三种。前者是单合范范芯，后两者均属双合范范芯。下层二期内是梯形多而横长方者少，而上层一期内则以横六角形为主。标本 C5.3H317：143 的芯座前后两面各有凹弧形浇口，芯座两侧各置一枚三角形榫，其下是楔形芯体。总长21.8厘米、芯体长13.2厘米。标本 C5.3H315：18—1 是小型芯，仅残存范芯座及两面浇口。标本 C5.3H310：21 是横六角形芯座，芯体残存甚短，因芯座两侧面作钝角凸出而形成六角形。两面浇口深凹。斧范二件，均残。标本 C5.3H318：21是残存的斧上扇范盖的中下部，芯座部残失。铸面平光，中部有中间窄两端宽的斧形铸痕，浅红色泥质。标本 C5.3H317：137 是残存的斧芯座一段，残存的芯体宽而薄，芯座呈横长方形，两侧置一枚三角形榫，属双合范的范芯。锥形器范芯二件，均为残存芯座部分。标本 C5.3T304①：46 是芯座呈圆锥形的楔形芯体。芯座两面设浇口。从芯体的横断面作椭圆形看，外范亦应是双合范。标本 C5.3H305：4 仅残存圆形的芯段，通体红色，是没有浇铸使用的残器。刀范残块十四件，长方板状体。标本 C5T21①：47 是合范下段，有浅刀腔及灰黑色铸痕。标本 C5.3H318：24—6 是合范残段，有刀腔及灰黑色铸痕。标本 C5.3H315：57 是合范残段，刀腔残存刀背部并有铸痕，又有圆形凹卯。标本 C5.3H317：136—1 是刀、锥、凿共铸的合范，五个小型工具范腔的柄端共用一个浇口。这种一范多器的形式甚为科学。锉范残块二件。标本 C5.3H318：23—1 铸面左侧是锐三角形平面铸腔，右侧是凹弧形槽，槽面密布上下九排和左右四行粟米大小的凹窝铸腔。粟米窝铸出后应是凸出的锉齿。C5.3H318：23—2 残存形体较小，体形与上略同。

兵器铸范二十五件，仅有镞、戈两种。镞范二十三件，属双合范。每个范面上布五、七、九、十一枚镞腔不等，少者一范铸五件镞，多者一范铸十一件镞。铸面的设计很科学，仅设一个椭圆形漏斗状的浇口和一条垂直的直浇道，镞柄兼作内浇道。镞柄的末端收细，既可在铸造时形成自割性效果又便于深入和组接植物杆式镞柄。标本 C9T126①：20—4 是唯一一件泥质镞模，模面有凸起半径的浇口杯、直浇道和十一枚双翼镞呈叶脉状分布。虽然呈长方形但周边残损严重，从土黄色看烘烤温度偏低。戈范三件，均残。有的铸面残存戈援、戈栏和直内或戈锋。

容器铸范残块五十一件，有鬲范、鼎范、斝范、爵范等。鬲范残块二十三件，其中外范二十件、范芯三件，多数是鬲档部位的残件。标本 C5.3H310：19 残存较多而可以复原。浇口设置位置与其他容器不同，置于颈与腹部之间，作倒"人"字形上下叉开。鬲腔有灰黑色铸痕，其余是砖红色至土黄色，表明烘烤温度不高。联系标本 C5.3H317：139 综合观察，应当由三件外范和一件范芯组成一套。标本 C5.3H317：159 共九件，虽然同是一个鬲外范但位置不同，因残破太甚而互不连接。鬲足范芯三件，均是上粗下尖的圆短锥形，两件完好而没有铸痕，一件是铸过的残件。鼎范残块九件，全部是腹和足部位的残件。标本 C5.3H310：25 残块较大，是铸造鼎腹圜底和足腔的外范，属足尖外侈的圆形鼎范。从分型面看是三件外范和一件范芯合铸一圆鼎。三件有灰黑色铸痕，系铸制有乳钉纹的方形鼎的外范残块。其他三件是圆柱形鼎足范。斝范残块七件，其中外范四件、范芯三件。现残存斝的腹部范、足范、底范、鼻范等，浇口设在颈和上腹部之间。斝足范芯的断面呈枣核形，足呈上粗下尖形。斝由三件外范和一件范芯组成。除铸面灰黑色铸痕外，其余部位由砖红色渐变为土黄色，表明烘烤温度不高。爵范残块九件，其中外范六件、范芯三件。现残存爵的口部范、颈部范、腹部和腰部范、足部范等。标本C5.3H310：24—2 外范保留部位较多，腰部刻划阴线饕餮纹。除一件未经浇铸使用外，其他铸面都有灰黑色铸痕。标本C5H5：51是爵口部和颈部的芯子。

罍组装模仅有标本 C9T126①：24 一件，实芯，口面较平但中心处制一凹窝，以窝为中心刻"十"字形组装符号。口沿至底刻四条垂直的组装线，在颈与腹的分界处和腹的最大腹径处各有一条横线并与垂直线交成直角，将罍模自上而下分成颈部、上腹部和下腹部三段。这是由十二块小范块组装成四大范块，说明罍的通体都有特以制作的花纹范块。值得注意的是，这是目前发现最早的组装模。因为制成后未经高温烘烤，所以表面保存较差。

此外，可辨出器形的范块还有觚范、簪范、泡范、环范、花纹范等。标本 C5.3H318：17 和 C5.3H319：149—5 两件花纹残范，似乎是经统一设计、分别制作，然后合成整体纹样的。只有这样才需发展出上述的组装范块造型工艺。

紫荆山铸铜遗址面积 2000 平方米左右，1955 年发掘 650平方米。时代属二里岗上层一期。

目前发现的遗迹有房基、烘范坑、铜锈面等。房基六座，长方形，均位于遗址的中部，多为两套间，六座相距约 6～20米。C15F1 建筑讲究，门前有散水面，屋内地面铺白灰面并遗留铜锈痕迹，似与铸造有关。C15F5 和 F1 地面多次专门铺填白灰面并有专制小凹窝，室内发现大量的绿色细沙、多片铜锈面、含铜粒的铜碎渣和刀范，显然是铸铜的重要场所之一。C15F6 地面也有铜锈面痕迹。其他房基较残破，但地面均有铜锈。可以认为，遗址内的铸铜场地全部在此六座房基内。烘范坑原名灰坑，仅发现一个。C15H10 位于 F1 房基内，口径长轴 3.6 米、短轴 2.42 米，深 1.76 米，坑的周壁和坑底烧成红色，坑底残存脱落的泥范加固草拌泥一层。坑口有对称的小浅窝，坑内出土有残泥范、熔渣、铜块、熔铜铜锈土等遗物。铜锈面全部分布在六座房基内，面积一般是 0.7 平方米，似由碎而细的铜锈粉形成（图二六）。

铸铜遗物有铜矿石、铅矿石、熔铜炉残块、木炭、铜熔渣、泥质铸范等。

铜矿石四十余块。最大的一件标本 C15T4②：46 重 2 千克，呈不规则的方棱形，其中夹杂绿色铜颗粒、白色石英、红色铁矿粒等。铅矿石四件，呈乳白色，质软。另一件经分析主要是铅。铅是商代青铜器的主要合金成分之一。熔铜炉残块反映出的炉型是陶大口尊缸式炉和陶缸壳式炉，后者与南关外陶壳式炉相同。木炭量多并主要呈大块状。铜熔渣量甚多，但主要呈片状和大小不等的碎块状，表面带蜂窝状小孔和漂浮状杂渣，呈灰绿、暗绿色。极个别渣块呈琉璃体状。

泥质铸范残块一百余件，可辨出器形者七十余件。刀范十九件，较完好者五件。呈扁长方形，重叠套合堆放在 C15F5 的

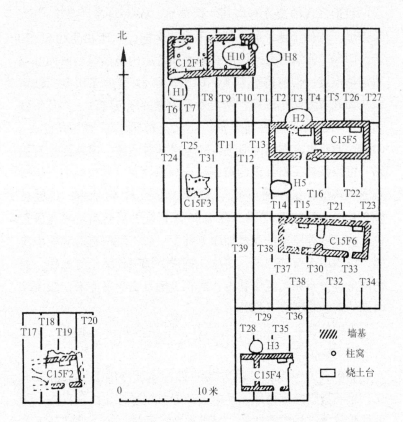

图二六　河南郑州紫荆山铸铜遗址房基、窖穴及探沟位置图

隔壁过门处。铸面制有双刀或单刀腔及浇口，范腔内有灰黑色
铸痕，其他处是红色和土色。镞范十三件，器形同南关外镞
范。车害范二件。标本 C15T27②: 53 是并排的双害半径腔范。
在范腔右侧有一刀柄范腔，说明此范是利用刀范改刻为害范。
标本 C15T29②: 54 亦为双腔范。两件害的方向相反。花纹范
八件，从纹样看有方格纹、斜方格加小圆点纹、饕餮纹等。

总之，郑州商城铸铜遗址有以下几个问题值得研究：一、原报告将铸铜遗址的时代定为紧接偃师二里头文化，但根据二里头铸铜遗址的熔炉是葫芦瓢形，口圈甚小而炉矮，可知两种形式并不连续，中间似有缺环。二里头偏早而郑州商城偏晚。二、郑州商城南北两座铸铜作坊中，南关外遗址的时代始于二里岗下层二期，延续到上层一期，跨越三个期。紫荆山遗址仅存二里岗上层一期，设置时代较晚。这说明郑州商城铸铜业到上层一期时又有新发展。三、两个铸铜作坊中都有少量铜矿石。从大量的渣看是熔渣而不是冶炼的渣。湖北铜绿山西周以前的炼炉与郑州商城的熔炉大不相同，其渣全是板状非金属黑色琉璃状炼渣。这说明郑州商城作坊以熔铜铸器为主。四、铸范以工具范为大多数。这说明当时的铸铜业以铸造工具来发展经济生产。五、泥范的材料经过淘洗，并加入相当于 200～270 目的细沙和草灰（植物硅酸体）。这使泥范具有多种铸造性能。六、泥质工具范坚实，特殊制作的拔模斜面，在铸面上涂刷烟熏灰分离剂涂料，烘烤的温度比容器范较高。这使工具范具有多次铸造性能，成为批量生产铜工具的铸具。七、泥范均经不同温度的烘烤，温度在 600℃ 左右。这使植物灰尚未变成硅酸体，提高了泥范的铸造性能。八、在泥质模范中发现一件罍的组装模。从一些残花纹范上看，残破处均在花纹范边沿，似花纹范都以花纹为单位制作，最后在组装模上将众多小范块组装成大范块。据此，这种十分科学的造型技术的起始时间可以升至郑州商城遗址。

安阳殷墟铸铜遗址包括苗圃北地、孝民屯、小屯村西、白家庄四处铸铜作坊遗址，其中以苗圃北地遗址的面积最大、遗物最多，次是孝民屯遗址（图二七）。

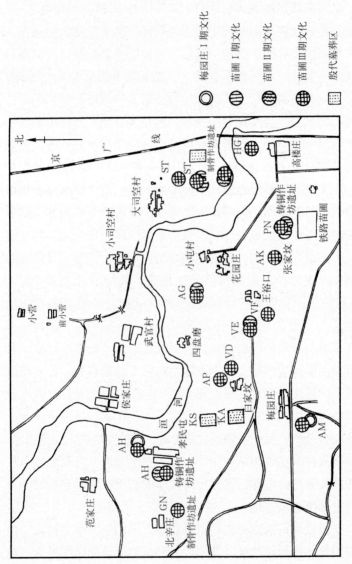

图二七　河南安阳殷墟铸铜遗址分布图

苗圃北地铸铜遗址因位于铁路局苗圃北地而得名。经四次调查与发掘，发掘面积 2425 平方米，总面积 1 万平方米。共分五层文化层，四、五层为殷商文化层。

建筑遗迹有夯土墙房基七座、房中灶坑三个、埋人头的奠基坑一个。F6 中陶范碎块较多，F1 中有一套长方形大陶范和成堆碎陶范块，是铸造大型铜器的场所（图二八）。烧土硬地面五处，伴出陶范、炉壁残块、范坯等，是浇铸小型铜器

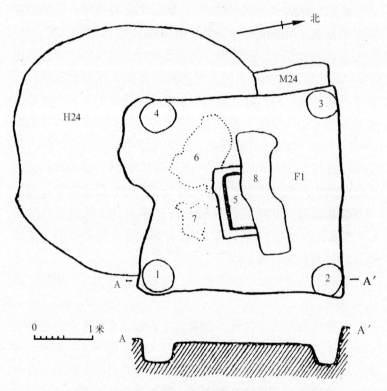

图二八　河南安阳殷墟铸铜遗址 F1 房基平剖面图

1~4. 柱洞　5. 大块范　6~7. 小碎范堆积与烧土块　8. 马坑

的场所。石粉硬面四处，伴出陶范和范坯、碎范堆，作用同上。陶水管道一处，窖穴四个，H29 出碎范三百七十五件、磨石十八件、炉壁残块三十四块、兽骨等。H31 出范五块、完整猪骨架一具、兽骨二十块。H238 中出范二块、磨石七十块、兽骨二十块。H1 中出范一块、兽骨和卜骨。奠基坑一个，埋二具人骨架、炉壁十一块、磨石三块。其他灰坑一百四十个，坑中有极多的范块、范坯和泥范料。

烘范窑原名"土坑式熔炉"。烘范设施有两种：一是借用陶窑烘范者，谓烘范窑；二是挖地坑烘范者，谓烘范坑。此作坊仅发现后者五座，分圆形、椭圆形两种。直径约 1 米，残深 0.3～0.59 厘米。坑底有圆、平两种，壁涂黄泥但已脱落，周壁烘成蓝色皱纹，口沿处烘烤轻而底部烘烤甚重。坑内出很多陶范外面的加固泥层，原报告定为"炉壁残块"。三个烘范坑（H21、H22、H23）相距甚近，说明是集中烘烤与浇铸的。烘范坑南北长 1.04、东西宽 0.74 米，深 0.42 米，坑内堆积较多的范外加固泥壳（原名炉壁），因为烘烤出龟裂纹现象，与炉口部位熔融情况相近而误认为是炉壁残块。值得注意的是长 1.2 厘米、厚 3 厘米的一件，里面有黏附在方形范壁的平直面痕迹，外面烘烤成龟裂纹。

铸铜遗物有炉壁、陶范和模、磨石、铸铜工具、铜块、熔渣木炭等。

炉壁残块分大小两种，总量五千多块。大型熔炉炉壁残块小块 2×2 厘米、大块 3×40～9×37 厘米，厚 4～8 厘米。用羼纤维草的泥条盘筑而成，内面凹弧并熔烧成深灰烧流，黏有渣粒和炭屑。外面再糊一层草泥。炉口呈圆形或椭圆形，口壁直而沿平，口径约 1 米。炉底有圜底、平底两种，内面熔炼成

琉璃体和皱褶纹，有的炉底熔炼成深灰色皱纹。腹和底折角处
有一直径5厘米的孔，由里向外烧成蜂窝状，似为出渣口。条
筑的泥条最长者21.6～37厘米，宽度分别为2～8、7.5～9、
12厘米，厚5～10厘米。绝大部分炉壁内边的炉衬层、外面
的草泥层脱落，最厚处为20厘米，若加上炉衬和炉壳4～8厘
米两层，实际壁厚24～28厘米之间。陶壳式小型熔炉炉壁残
块原名是"陶制熔铜器皿"，共一百八十件。被称之为粗沙质
炉者，实为炉的内胎层。"将军盔"式炉被推测为炉缸的外
壳。这是郑州商城的陶大口尊壳式炉和陶缸壳式炉的延续。两
者实为一种内为炉衬外为陶壳的既熔炼又浇包的小熔炉。熔炉
陶壳选用晚商的"将军盔"、"深腹盆"陶容器作为炉壳。"将
军盔"式炉壳残块八十余件，夹砂红陶，壁内炉衬少数有残
缺，烧成熔融状并黏有铜粒和渣，最大者残高10厘米、宽
2.5厘米。"深腹盆"式炉壳原名"细砂泥胎陶质容器皿"，
口沿外撇。炉衬层熔融有铜渣。熔炉炉衬层残块九十余件，最
大者9.5×6.5厘米，直径约34厘米。衬层含有大量粗沙粒，
表面熔融并黏有铜渣。

　　陶范和模中，范用于铸造铜器，模用于制造铸范。它们均
烘烤过而成为半陶质，残块共一万九千四百五十七件。可分为
外范、范芯（原名"内范"）、附件范（原名"填范"）及留在
铜器局部内部永不取出的范芯三种。外范70%、其他范30%，
未曾加沙的泥料范块19%、加沙的81%。铸面多呈灰色，其他
处是砖红色，少数范为灰色。范芯表面为灰色而内胎是砖红色。

　　陶范分工具范、兵器范、礼器范三类，礼器范多分面料层
与背料层。工具范仅有环首刀范一件。兵器范有镞、戈两种。
镞范十一件，铸面有黑色涂料，范中夯窝直径0.5厘米。戈范

分直内、曲内两种，后者有夔纹并经浇铸。礼器范有十一种器形。爵范量较多，有柱帽、尾、流、口、足、腹等部位碎块及芯块等（图二九）。斝范一件，伞状形柱范，范内的夯窝直径0.8厘米。角范二件，盖顶范，饰饕餮纹，纽中心有芯座。鼎范三件，较好，立耳、柱形足，上下均有芯座。盉范一件，残存盉的流部。觯范二件，腹壁饰云纹。簋范量较多，腹部的花

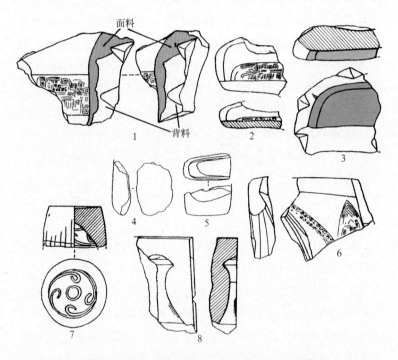

图二九　河南安阳苗圃北地铸铜遗址出土陶爵范

1. 爵外范（PNH101∶10）　2、3、5. 爵流外范（PNIVT5A ⑤∶53、PNTV229 ③∶10、PNIT5A⑤∶29）　4. 爵腹范（PNH208②∶45）　6. 爵尾范（PNIVT5A⑤∶25）　7. 爵柱纽范（PNIVT3B④∶16）　8. 爵柱纽范（PNIVT3B⑤∶A）

纹分段制成。其中上部有扁棱的范块、口至腹中部饰弦纹、夔纹及雷纹，此外还有云纹、鸟纹。铸面蓝灰色并有涂料。卣范二件，芯腹部残块，表涂细沙层，在模中夯筑成形。另一件腹部残范，饰连珠纹、云纹。瓠范一件，腹中下部残块，面料和背料有别，腹部范分上、中、下三段制作。腹中部一件饰蕉叶纹。又有圈足范芯残块亦是夯筑制成（图三〇）。方彝范残块四件，可复原，从上到下分口、腹和圈足三段。两侧设扉棱。每段范又分左右两面，其间专设扉棱纹及组装线。饰蚕纹、饕餮纹和夔纹。器盖范五件，一件是大型器皿的盖范，纽中有自带的芯子。一件似卣的盖范，饰夔形纹和雷纹。一件似觯的盖范，分上下两周组装，饰雷纹。一件为斝柱帽范，饰三角纹和雷纹。另一件为平顶盖范，饰几何纹（图三一）。铃范一件，有鼻芯腔，素面。大型方形器范芯座一件，从范的长度看，类似司母戊鼎的口部或大型铜禁座口处的范芯座部位。芯是夯筑成形，外范的外层中部，夹制有横向和竖向的圆木，起到加固外范的作用。铸造如此大型铜器，横向体积每边加 20 厘米厚的范壁，等于扩大 40 厘米。上下两端再增加近半米的范芯座和浇口杯，总高度约 2 米。兽形附件范多设于铜器的盖、肩、腹部。一件是肩部的附件，一件残存兽的头部，另一件仅残存兽的吻和鼻部。环形纽范一件，似盖和肩的环纽。筒形器范芯三件，有空心和实心两种，均夯筑成形。活芯块原名"盖残模"，是小型而单独成形的范块，如铭文范、泡型器范、小环范等。在进行组装范的过程中，嵌埋（组装）在特定的位置中，因此又名曰"埋范"、"填范"。其他残范八件，均残留有花纹。浇口杯一件，圆形。

陶模分翻范模和组装模两种。翻范模是用于翻制铸范的模

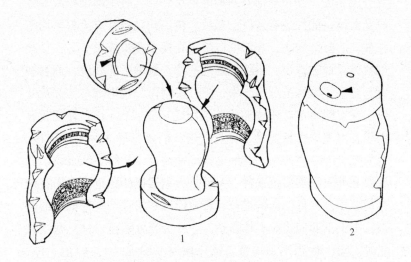

图三〇　河南安阳苗圃北地铸铜遗址出土陶觯范

1. 觯范复原展开图　2. 觯范合范复原外貌图（三角指处是浇口杯与内浇口）

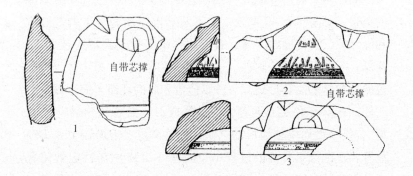

图三一　河南安阳苗圃北地铸铜遗址出土陶器盖范

1. 盖范（PNIVH29：6）　2. 盖范（PNH19：6）　3. 盖范（PNH206：5）

具。凡是铸面有花纹的范，多用模框和夯具翻范；凡是铸面有浮雕形的附件模，多用练泥（特制的范泥）分部位翻范。范纹环模一件，环模凸起于模面半径，一个模翻制两件半径范即为一盒。尊模二件，肩部有残牛头纹，整体呈半径，分半翻制成范。边框纹模一件，饰几何形纹，翻制出边框花纹范。斝足模一件，残存足的下半部，自带芯卯。提梁及兽头模有五股绚梁、四股绚梁、似尊部残模、肩部兽头模、牛头模、鳞纹鸟头模及兽头模等。组装模原名"模"，外形是铜器的某个部位，但画有附件或花纹形体的轮廓，却没有花纹细节内容。是将附件范或花纹范块在此轮廓内组装成大块范（图三二）。舌组装模一件，原名"鼎足模"，在一周刻四个蕉叶纹轮廓，顶端是圆形花纹。鼎足体虽然有花纹，但顶端没有花纹，只有舌的顶端才有花纹。卣提梁组装模一件，原名"模"，断面呈圆形梁

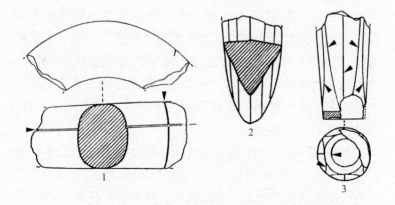

图三二　河南安阳苗圃北地铸铜遗址出土组装模

1. 卣提梁模（PNH202①：10）　2. 斝足模（PNIVT5⑤：17）
3. 鼎足模（PNT229⑤：10）（三角指处是组装范缝线）

的表面，刻划横长线和垂直线，用于分段组装长条形花纹范块。瓿口部组装模一件，原名"瓿圈足模"。圈口沿的棱处刻两条横线，上横线是组装花纹范的边线。垂直线将瓿体分成四等分。下边线残存的短横线是口沿与范芯座的界线。有夯筑痕迹。盖纽组装模一件，原名"盖纽模"。纽顶没有刻画线，仅组装一块范。似组装觚盖的兽角、觯和爵柱顶范的组装模。方彝、方罍、方壶盖纽组装模，原名"盖纽模"，呈四坡屋顶状，每面中部都刻一竖线，组装八块花纹范。小型鬲腹组装模原名"残模"，颈处四条横线组装弦纹范，下腹刻平行两条"V"形线，组装弦纹范。

铸铜工具是修饰铜器和制作模范的用具。修饰铜器的工具主要是石具。开范后的铜器表面，有浇口断茬、合范缝断茬，高茬者用石具敲低、低茬者用石具锉磨。初磨时用粗砂石、细磨者用细砂石，再因铜器表面复杂，需用多种形状的石具。如一式的扁平长方形七十八件、二式的椭圆形十四件、三式的圆柱形十四件、四式的扁平圆形十九件、五式的扁平三角形六件、六式的弧边三角形八件、七式的楔形八件、八式的榆叶形三件等。制作泥模和泥范的工具有切削工具的铜刀二件、雕剔工具的铜刀二十九件、骨刀二十八件、整修工具的骨具四件。

铜块三件，一件近方形，其成分是铜 97.21%，锡 2.71%，铅、银、铋微量。一件表面饰雷纹。另一件是耳形纽附件。熔渣屑遍布遗址，有处成堆。其中含有石英、尖晶石，有玻璃相。上附木炭屑甚多。

孝民屯铸铜遗址位于孝民屯村北 30 米处，面积 150 平方米。1960 年 6 月第三次发掘时，钻探发现碎范块等。在一区发掘的第一、四、七层中，分别出土泥范十二、十八、二十一块及绿灰土、碎渣等。

遗迹有夯土基址，分上下两层。第二层灰坑十六个，六个坑中出泥范、炉壁残块、牛骨架及席纹痕迹。

遗物凡与苗圃北地遗址相同者从简，不同者详加介绍。

炉壁残块较好者二十三块，内胎十四块，陶壳十九块。内胎径 37 厘米、厚 3.5 厘米。内面烧流黏渣，属小型熔炉。

范与模总计三百二十二块，其中外范 30%，范芯 40%。瓤圈足范残存圈足和范芯座处及中上部位。簋口范残存簋口和颈处，颈部饰云雷纹。鼎足范残存中段，素面。太阳纹活范块是某种大型铜礼器的肩、腹和盖上的附件单体范。铲范芯残存浇口、范芯座及芯顶部位。锛范芯残存上半段。戈范芯残存数量虽多但较好者仅一件，是芯的下段及内芯根段。矛范芯残存较多，但较好的一件是上半部。方形器圈足的镂孔范芯一件，是镂孔中部芯块。蟠虺纹组装模一件，划有蟠虺纹的轮廓线。器纽组装模多件，一件是素面纽帽形。一件的纽头刻划"十"字形线，分成四等分，组装四块花纹范。一件是双弧形柱头。另一件是爵、斝的柱纽组装模（图三三）。

修饰工具仅有磨石一种十八件，三件细砂石，一件砾石，余为粗砂石。

其他遗物仅三角形铜刀一件。

小屯西地铸铜遗址第二次发掘区的 T231 第四层文化层中，发现绿松石五件及残铜镞。

白家坟铸铜遗址位于村东北和王裕口西之间，面积 179 平方米，钻探距地表深 0.4 米处，发现泥范和兽骨碎块。

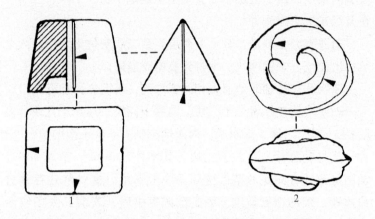

图三三   河南安阳孝民屯铸铜遗址出土组装模

1. 盖纽组装模（PNIVH29：17） 2. 纽组装模（AHT102⑧：4）（三角指处是组装范缝线）

总之，对各遗址中的遗迹和遗物研究后，有以下几点认识：一、晚商之都设有四处铸铜作坊，比郑州中商之都多一倍。苗圃北地遗址以铸青铜礼器为主，孝民屯遗址以铸青铜工具、兵器为主，似有分工。二、熔炉壁五千多块，但未对较多的炉壁作尺寸测量，只能在报告中看到大小两种炉型。早在郑州商城遗址之时，已有大小两种炉型，而洛阳西周遗址内有由大到小四种炉型，安阳殷墟遗址应有几种炉型，尚待进一步发现。三、小型铸范烘烤借用陶窑烘烤，大中型铸范设专坑烘烤，在坑中合范、烘烤、浇铸和开范取铸件。安阳殷墟遗址的坑式炉应当是烘范坑，所谓其中的炉壁，实为大型铸范的草拌加固泥壳。四、花纹范是以花纹为单位、附件范是以附件个体为单位，统一设计、分单位制模翻范。在组装模上将较多小块范组装成大块范，合大块范并糊草拌加固泥、烘烤。这不仅发展了造型新技术，而且提高了造型技术水平。五、工具、兵器及模范纹饰简单者，用夯筑法翻范；范芯用专模夯筑成型；附件和复杂花纹者，用特以制作的范泥制范。六、大型铜器的范纹，已采用主纹和边框纹分别制模翻范的新技术，便于铸造复杂而精美的铜器。此技术在西周时期不断完善，到春秋时期发展到顶峰。

此外，陕西西安老牛坡商代遗址中也发现有铸铜遗址[13]。

3. 西周铸铜遗址

河南洛阳西周铸铜遗址位于洛阳火车站正北 2000 米，西北与北窑庞家沟西周墓地相毗邻，遗址面积达 10 万余平方米[14]（图三四）。

目前发现的遗迹有烘范窑、烧窑等。烘范窑有烧灶和烧窑两种。灶和窑的烧色均呈红色，烧色和火候与泥范的烘烤色基本相同，但被称之为窑的窑壁局部烧流，反映局部烧温偏高。

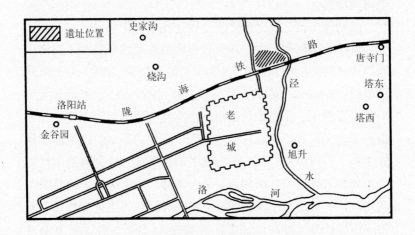

图三四　河南洛阳西周铸铜遗址位置图

这种现象在秦汉的专用烘范窑中亦然如此。被称之为烧灶的周壁亦呈红色，反映烧温偏低。这与周代以后不定型的烘范窑烧色和温度仍然不同。商周乃至汉代以后的烘范窑可分为三种：一、烘烤量较大、范体规整而形体较小者，借用当时的陶窑作烘范窑。2 号窑应属此类。小型范坯可以重叠有序的堆放烘烤。二、因为古代的金属器种类繁多，尤其礼器更为复杂，所以范的外形也具有多样性。如形体高的礼器范，合范后的体积较高大，又不易任意搬动，需在一范一窑的专用坑式窑内合范、烘烤和浇铸。这类窑的平面形状多是不定型的。烧灶应属此类。唐宋以来铸造大钟、大佛像多采用坑式窑烘烤或堆烘。三、直径特大和横宽的铸范亦属不可移动的低形范。它们就地面制范、合范，并在范的周围堆柴或木炭烘烤、浇铸。这类烘范遗址在地面上留有烘烤和铸灼的痕迹，但没有窑壁痕迹。笔者推测，西周大型的铜盘、铜鉴、铜釜、铜缶等可能采用此法烘烤和浇铸。

遗物较丰富，有熔炉残块、铸范残块、泥模等。

熔炉发展到大、中、小三种形式是在商代中晚期。到洛阳西周遗址时创造出直径 0.3～0.6 米的小型炉、0.9～1.1 米的中型炉、1.6～1.7 米的大型熔炉三种（图三五）。中型和大型均较殷商炉大，小型炉仍然沿用小陶瓮为炉壳，但中型炉已经淘汰了陶大口尊、陶缸等陶质炉壳。西周的小型炉选用圜底瓮作炉壳，但打掉瓮口部后的深度较商代变浅。这为建造更科学适用的两节炉或三节炉创造了结构条件。殷商陶壳炉因受陶壳的局限性，只能制作深腹炉缸，排渣和以炉为浇包浇铸均不方便。小型炉壳深度与口径之比变成径 4：深 3，与郑州商城遗址所出径 3：深 4 成反比。制作成较浅的炉缸，有利于熔后排

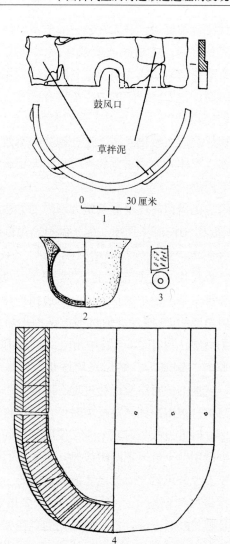

图三五　河南洛阳西周铸铜遗址熔炉复原示意图

1. 圈式炉壁（H276：2）　2. 陶壳式炉　3. 泥质鼓风嘴　4. 大型圈式炉

渣和以炉缸代浇包的浇铸。这无疑是一大进步，但炉缸仍然较深。只有到春秋时期，才彻底改变成多圈式深腹、浅腔式炉缸，更便于排渣兼浇铸，成为小型铜器熔铸的专用炉。早在安阳殷墟遗址时期，中大型熔炉的炉径最大者已有 1 米。洛阳西周遗址时期炉径除 0.9 ~ 1.1 米外，更扩大到 1.6 ~ 1.8 米，说明熔炉的容积继续向大型化发展。这一趋势是与西周青铜礼器成群组合增多、形体变大成正比的。可见中大型熔炉是铸造中大型铜器的专用炉。

炉壁的筑法仍借用商代草泥条筑大型炉的方法制作，泥条一般宽 3 ~ 4 厘米、厚 3 ~ 4 厘米。泥条的材料由砂粒、纤维草叶和泥土混合制成，加入砂粒以增强耐火度。值得注意的是 H276：2 的炉壁残块，复原直径为 0.88 厘米，属中型熔炉。炉壁由数层叠筑。条筑的炉壁是炉体，内边糊炉衬、外边再糊草泥壳，三层总厚约 10 厘米。炉衬多被熔蚀不易保存，但炉口段可见到炉衬层。幸有 T18⑤层中出土的炉缸内残存四层被熔的衬层（原名"铜渣"），熔后每层厚 0.5 厘米。这说明两个问题：一、新糊的炉衬层应远超过现有厚度；二、炉子是长期使用的。当炉衬被熔蚀到严重损失时停止熔炼再糊炉衬层后继续熔炼。炉缸口沿设鼓风口三个，又说明三个问题：一、中大型熔炉至少使用三个鼓风器同时鼓风。可见当时的鼓风量是有限的，需要多个鼓风器同时鼓风才能满足需要。这也为熔炉大型化发展提供风源创造了条件。二、中大型熔炉与炼炉相同，采用的是侧式鼓风方法。三、鼓风孔的直径 13 ~ 14 厘米，说明鼓风管的嘴端直径与此相同。据此推知，这段鼓风管应为泥质。

从残存的铸造礼器范整体看，安阳殷墟遗址初创的造型新技术和范料的改进到洛阳西周时期得到迅速发展。这为春秋时期青铜铸造技术的创造和普及奠定了基础。

凡是具有花纹的范均分块和分层制作。从面料的分布范围看，基本全改成精细的范料。圆形鼎和方彝范的两侧面均有分层线和残破线。在残破线处可看到花纹范是单独制模翻范的，只是花纹模范的边界制作的不十分规整。这充分说明当时已开始初创整体设计、分部位制模翻范的新技术。条带形的花纹则制成条带形纹模，再翻制成条带纹范。面积较大的卣范则将花纹从兽的鼻梁中心线分成左右两半制作，方形鼎也是如此。分块制模翻范技术必然为凸起于礼器器体的附件单独制模翻范创造了技术条件。同时也为条带形花纹范单独制作创造了条件，或者两者互相影响而同步发展。只有创造出初步统一设计、分部位制模翻范技术并使此技术达到一定水平之后，才能有大量铸造中大型礼器的可能。可见西周时期已达到这个水平，尤其洛阳作坊更应如此。

西周青铜礼器的底纹已细到毫发程度。要从泥范中铸出来，必然要改良雕刻工具及提高雕刻技能和铸范材料的精细度，其中有以下三个问题值得研究：一、将花纹范单独制模翻范，即把整体器物分割成若干块个体，如花纹带、面积较大的兽面纹、凸出于器体的各类兽形附件。安阳殷墟遗址出土有单独的兽头模、爵的柱头纽模、簋的花纹范，洛阳西周遗址更有雕刻的小圆泡模、方形泡模、簋耳兽头模、铭文模块等。总之，单独制模翻范因为模体变小和重量减轻，便于精工细雕的操作，易于制出精美花纹和附件的模具，翻范操作更容易。二、用三十倍放大镜观察，面料的粒度在十分之一毫米以下，较殷商晚期细化得多，加入的植物灰量（植物硅酸体）也增多，更增加了范体内的微细孔，但目测范的铸面极为光亮。粒度细化后方能制作出细如毫发的细花纹范。背料的改进使砂粒的粒度变大而量多，以提高背料的强度，增强范体的稳定性。

泥模（母范）分为两类：具有花纹的模是模具，用于翻制泥范；表面仅有花纹轮廓线者，实际是"组装模"。两种模作用不同。安阳殷墟遗址已有了"组装模"，洛阳西周遗址应不会例外。必须强调的是，此时分部位制模翻范在"组装模"上组装的造型技术水平和使用量，较安阳殷墟遗址有新的发展。

总之，分部位制模翻范的新发展为西周时期铸造出形式复杂、形体较大的青铜礼器群创造了先进的技术条件。通身的花纹、大篇幅的铭文都可以用以花纹组为单位的方法分别制模翻范，最后在"组装模"上组装。组装后的大范块仍似混铸法的范块，但与商代中前期混铸范不同，前者只能铸出简单的铜礼器，后者却能铸出形体大、形式复杂又华丽的精美铜礼器。从表面上看，仅是面料与背料之别，然而正是因此提高了青铜礼器精细的效果，才会产生上述材料、造型技术等一系列改进，同时也为春秋战国时期青铜器的铸造创造出许多新的技术条件。晋国、郑国、楚国和秦国等的青铜铸造技术都能在洛阳西周遗址中找到线索。可见洛阳西周遗址具有十分重要的学术价值。

4. 春秋铸铜遗址

山西侯马春秋铸铜遗址东西长 1200 米，南北宽 800 米[15]。遗迹有活动面和路一条、房子六十八座、窖穴七百三十个、井三十八眼、烘范窑和陶窑各一座。遗物有熔炉壁残块、炉盆（炉缸）、炉口圈、腹圈、鼓风管、熔渣等。

遗物中为数最多者是泥质模和范。Ⅱ号区泥范一万四千一百一十七块，以礼器和乐器为主。ⅩⅩⅡ号区泥范二万四千六百四十块，以工具范为主。尤其是ⅬⅥ号遗址内出土空首布范芯头约十万件以上。鱼钩和车马器范一万五千八百二十一块，其中舌范四百零七块、带钩范一万三千六百六十七块，其他一千七百四十七块。有些没有浇铸，有的可以配套，个别范合好待铸。还有组装模（或名装配模）。模范的种类分为工具、兵器、空首布、礼器、车马器、乐器、生活用具等。

工具范主要是镬范，其次是铲、凿、环首刀等范。在镬范中的模、范和芯因为式样较多而分 A、B、C、D 四式，共复原五十八件套。铲范分 A、B、C 三式，可复原一套。凿范分A、B 两式，可复原二套。环首刀范亦仅 A、B 两式，可复原二套。鱼钩范、锥范、刻刀范全是残块。

兵器范有剑、矛、戈、镞范等。剑范分 A、B、C、D 四式，皆残件。矛范分四式，可复原三件套。戈范仅有二式，各复原一件套。镞范分四式，可复原七套。

空首布货币范仅空首布一种，分外范和空首芯。共三式，可复原十套件。芯子数十万件以上，可见铸币数量之巨大。

礼器范种类最多，有鼎、鬲、簠、簋、豆、壶、舟、匜、鉴范等。其中铸造技术最为复杂的是鼎、簋、鉴范。它们不但有腹范芯、足芯和耳芯，而且腹、足和耳之上均有多组花纹范。花纹之华丽和范块数量之多带来技术的复杂性，内外范块之大也带来具体操作的难度。范芯座和榫卯的设置、分型、合型等体现了科学性。

　　乐器范虽然仅有编钟范一种，但钟范分割的范块单位最小，最能系统体现其造型技术的科学性。以大型编钟范为例，单就一个钟枚就制成两块范，篆带纹和上下两边的边框纹也单独制模翻范（图三六）。大钟范块的总数可达一百一十八件之多。众多的小范块全靠在组装模上分层次组装成六至八个大块范，最后合范烘烤和浇铸（图三七、三八）。需要强调的是，"组装模"仅在半径钟体模样的表面刻划出舞部的纽或甬区和舞纹区，体面刻划出枚区、篆区、钲区、铣纹区、鼓纹区等，照此范围逐渐组装，组装时使用面料填空和固定（图三九）。在此基础上，还可对其他礼器的造型技术进行逐一研究。

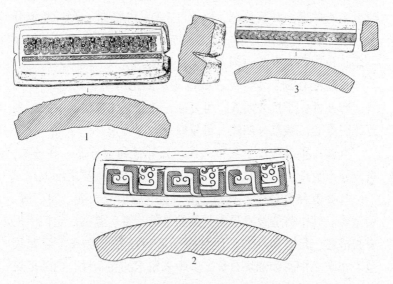

图三六　山西侯马春秋铸铜遗址出土编钟篆带纹与边框纹模

1、2. 篆带纹模　3. 边框纹模

　　众多的大中型礼器都特铸有耳、鋬、环、纽、柱、足、附兽等附件。这些众多的凸出于主体之外的附件也是分别制模翻范造型制作的。有的附件组范埋在外范中一次铸成整体；有的

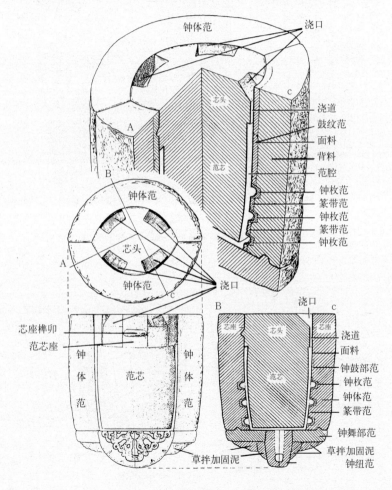

图三七　山西侯马春秋铸铜遗址出土编钟合范示意图（一）

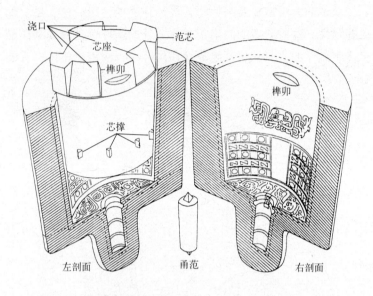

图三八　山西侯马春秋铸铜遗址出土编钟合范示意图（二）

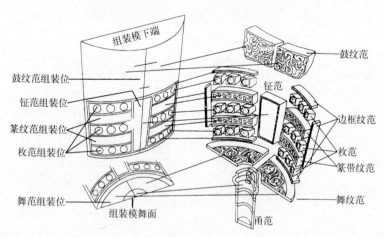

图三九　山西侯马春秋铸铜遗址出土编钟各范块与组装模关系示意图

附件是单独铸造，将附件埋于外范中在浇铸整体时铸接在一起；有的附件铸件与主体焊接在一起而成为整体。这称为分铸法。

上述铜器铸造新技术的基本特点是：统一设计、分部位制模翻范、合众多小范块为大范块、合大范块为整体、烘烤、浇铸、清理等，部件的组装、铸接、焊接等。多种技术的综合运用，才能够铸出任何单一技术所无法生产的铜器精品。

据考证，遗址的时间自公元前 745 年昭侯迁曲沃为始，至公元前 477 年三家分晋为终，共二百六十八年。前述的先进的分铸技术早在三家分晋之前已完善成熟。此技术应源于洛阳西周遗址时期，甚至可追溯到安阳殷墟遗址时期，随后在晋国、郑国、韩国、楚国等广为普及。

此外，河南新郑阁老坟梳妆台和东关制药、辽宁法库湾柳街[16]、湖北钟祥[17]均发现春秋铸铜遗址。

5. 汉代铸铜遗址

汉代铸铜业归工官管理，各郡国都设有作坊，在一般情况下是制铁、铸铜和制陶作坊相邻而设，并各成单独的区域。三作坊多设在小城之外和大城之内，没有内城者设在城外。因汉代铸铜作坊的考古资料较少，现仅以河南南阳宛城铸铜遗址为例。

河南南阳宛城铸铜遗址南北长 60 米，东西宽 52 米。出土遗物主要是类似明器的小型车马饰器的范和模，如马衔范、衔镳范、盖弓帽顶范、环范、泡形器模和范、叉形器范、乳钉范、兽形器范、方形器范、网坠范、弯角形器等。从浇口位置看，衔镳范、衔范、单环和双环范、俾倪范、当卢（锡）范、盖弓帽范、轵范等属于浇口还没有统一的立式叠铸范。四环范属于有系统浇道的卧式叠铸范。可见当时铸造铜器已采用了批量生产的叠铸技术。

此外，河南登封阳城城南发现汉代铸铜遗址，与铸铁遗址为邻。河南新蔡及淇县城外也发现汉代铸铜遗址。

（二）铁器铸造锻造遗址

中国铁器的快速铸造成形技术得益于铜器的液态铸造成形技术。铜器的竖炉熔炼和造型技术被铁器全面继承下来，并在此基础上根据铁的特点予以完善和发展。在周代中期块炼铁出现的同时，即发展到液态熔铸的生铁。江苏六合程桥的炼铁棒和液态生铁丸是最佳的实物例证。中国块炼铁遗址目前尚未发现，液态铸铁遗址仅发现于战国时期。

1. 战国铸铁遗址

此期代表性的铸铁遗址包括河南登封阳城铸铁遗址、鹤壁鹿楼铸铁遗址、古西平冶铸遗址群、新郑仓城铸铁遗址、辉县共城铸铁遗址，河北兴隆铸铁遗址等。具体情况如下。

登封阳城铸铁遗址位于阳城南城墙外150米，面积2.3万平方米，从战国早期延续至汉代（图四〇）。其中战国遗迹有烘范窑、脱碳炉、盆池、灰坑、水井等。遗物有熔炉残块、鼓风管残块、熔渣、泥质铸模和范、铁器和陶器等。

烘范窑所使用的是战国时的陶窑，窑室的烧色和温度与烘过的范相似，工作坑内堆积范外草拌加固泥块、碎范块、没有浇铸使用的芯块等（图四一）。脱碳炉虽仅存抽风井和炉底，但炉底的烧色温度和退火温度相当，是批量脱碳的炉型（图四二)。在战国早期地层中出有大量草泥条筑式熔铁炉壁残块，这是早期应用该式竖炉来熔铁的实例。草泥条筑式竖炉残块是第一次改良的熔铁竖炉，但仅是通过增加壁厚来提高炉龄（图四三、四四）。沙质炉壁残块表明，当时已意识到只有改进材料才能真正提高炉龄和避免大量熔渣的产生（图四五、四六）。在战国晚期地层中出土的由草泥炉壳层、沙质耐火砖层、炉衬层构成的综合材料的炉壁残块是第三次改良的熔铁竖炉（图四七、四八）。它成为较完善的熔炼铁专用炉，其优点在于熔铁量大，铁的液态好、质量高。不同宽度的板材范和不同直径的条材范的出土无疑是一个重要发现（图四九）。条材范和板材范用专模制造，可批量生产。同时它们形式较多，可铸出不同规格的铁材，适合锻造各种类型的铁器（图五〇）。从众多泥质范考察，都有模制的特点（图五一、五二）。一套模具可以批量翻范铸造，生产效率较高（图五三、五四）。带钩范腔一盒二十枚，若以三至五盒为一个叠堆，一次可浇铸六十至一百枚带钩，足见叠铸是批量铸造小型铸件的新技术。经分析的九件铁器全部为铸铁脱碳材质。其中有韧性铸铁、球墨可锻铸铁、高中低三种脱碳钢、炒钢等。

　　鹤壁鹿楼铸铁遗址位于故县西边，面积99万平方米，先后作过两次发掘。遗迹有烘范坑八个、灰坑八个、水井一个、陶窑四个。遗物有熔炉壁残块、鼓风管和鼓风嘴残块、泥质模和范、铁器（图五五）和陶器等。在铸模中有镬芯模和鼎足芯模。后者为首次发现。范的种类有镬范、锄范、斧范、锛范、铲范、环范和编钟范，以农具范和工具范为主（图五六）。其中双镬范除泥质外还有石质，是经多次铸造而成。范的铸面涂红色泥浆涂料。此处未发现铁材范，铸造技术基本同

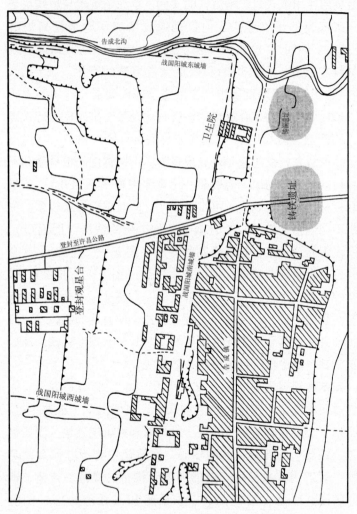

图四〇 河南登封阳城战国铸铁遗址位置图

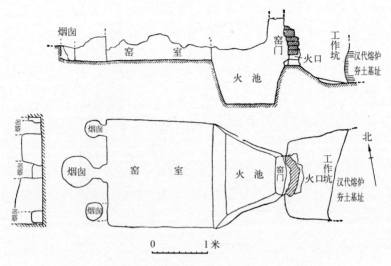

图四一 河南登封阳城战国铸铁遗址烘范窑平剖面图

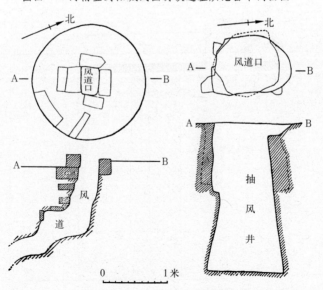

图四二 河南登封阳城战国铸铁遗址脱碳炉平剖面图

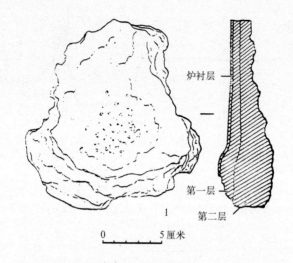

图四三　河南登封阳城战国铸铁遗址草泥质熔炉残块

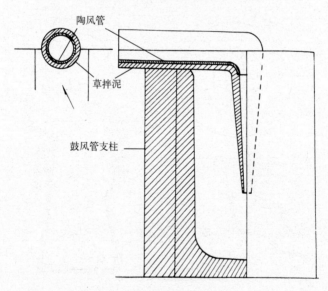

图四四　河南登封阳城战国铸铁遗址草泥质熔炉结构示意图

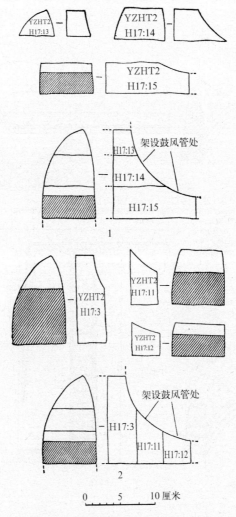

图四五　河南登封阳城战国铸铁遗址出土沙质熔炉残块与复原示意图
　　1. 战国早期厚壁沙质卧式结构炉口残块与复原示意图
　　2. 战国早期厚壁沙质立式结构炉口残块与复原示意图

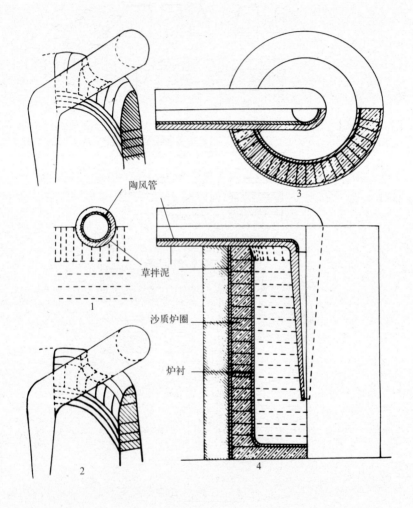

图四六 河南登封阳城战国铸铁遗址沙质熔炉结构示意图
1. 立式炉口结构图 2. 卧式炉口结构图 3. 立式炉口俯视示意图
4. 沙质炉圈结构复原示意图

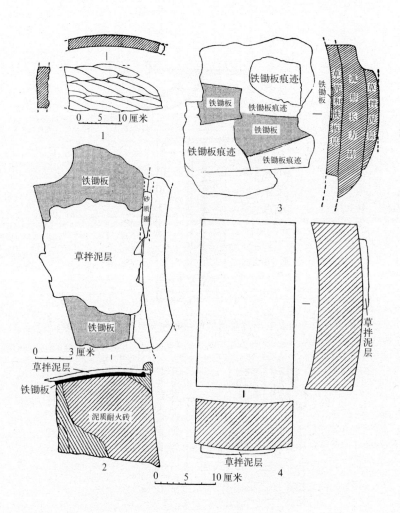

图四七 河南登封阳城战国铸铁遗址综合材料熔炉残块

1. 熔炉炉壁（YZHT1②：39） 2. 炉口（YZH 采：45）

3. 炉腹上部（YZHT4L2：6） 4. 熔炉砖（YZHT4②：4）

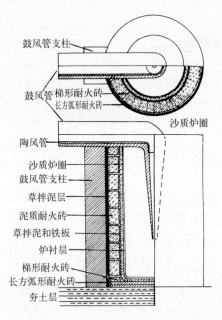

图四八　河南登封阳城战国铸铁遗址综合材料熔炉结构示意图

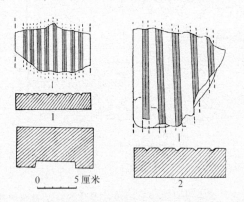

图四九　河南登封阳城战国铸铁遗址出土条材范与板材范

1、2. 条材范（YZHT3H19∶7、YZHT2③∶59）　　3. 板材范（YZHT2③∶76）

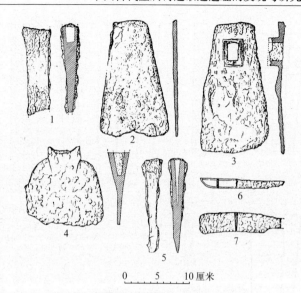

图五〇 河南登封阳城战国铸铁遗址铁器

1. 镢（YZHT4L2：7） 2、3（锄 YZHT2②：14、YZHT4②：8） 4. 铲（YZHT2②：27）

5. 凿（YZHT2②：28） 6. 削（YZHT3②：59） 7. 刀（YZH 采：9）

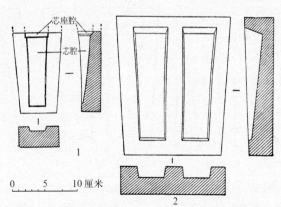

图五一 河南登封阳城战国铸铁遗址出土陶模（一）

1. 一腔有芯座窄镢模（YZHT6④：91） 2. 二腔无芯座宽镢模（Y2HT3③：31）

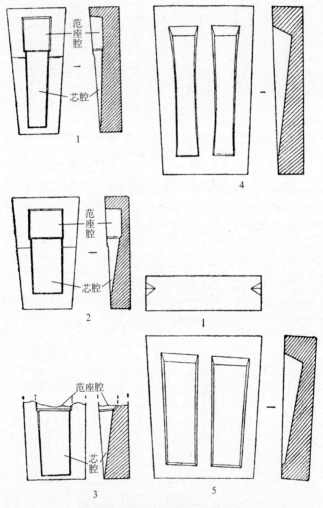

图五二　河南登封阳城战国铸铁遗址出土陶模（二）

1. 一腔有芯座锼模（YZHT6③：15）　2. 一腔有芯座宽锼模（YZHT5①：6）

3. 一腔有芯座宽锼模（YZHT5①：8）　4. 二腔有芯座窄锼模（YZH6L3：62）

5. 二腔有芯座宽锼模（YZHT6L3：54）

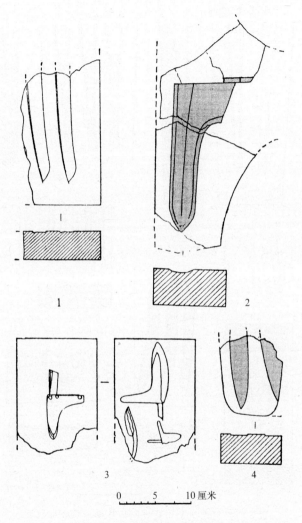

图五三　河南登封阳城战国铸铁遗址出土陶范（一）

1. 削范（YZHT3H31：1）　　2、3. 戈范（YZHT2③H10：3、YZHT2H10：18）

4. 匕首范（YZHT3③H22：5）

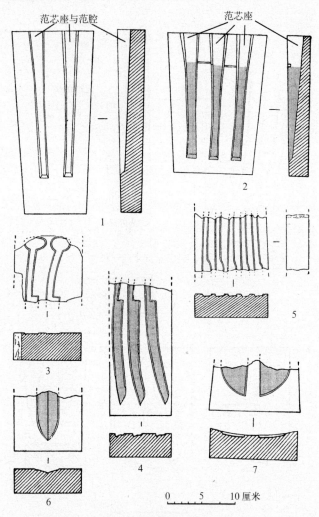

图五四　河南登封阳城战国铸铁遗址陶范（二）

1. 二腔凿范（YZHT6L3：35）　　2. 三腔凿范（YZHT6L3：7）　　3. 二腔削范
（YZHT4L2：10）　　4. 三腔削范（YZHT6①：64）　　5. 五腔削范（YZH 采：38）
6. 剑范（YZHT1②：8）　　7. 刀范（YZHT1②：10）

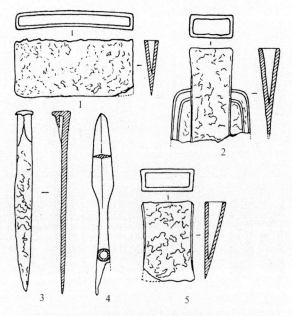

图五五　河南鹤壁鹿楼战国铸铁遗址出土铁器

1. 铁锸（T5②:49）　2. 铁铲（T3②:71）　3. 铁凿（T2②:57）

4. 铁矛（T3②:60）　5. 铁锛（T2②:56）

于登封阳城遗址。

　　古西平冶铸遗址群位于今西平县西部和舞钢市的中东部，古代统属西平，今被一分为二。此遗址群有八个遗址，由于在平整土地时被破坏了原来地貌，地面遗物极少。但仍可从泥范残块分析确定铁炉后村、杨庄、赵庄、翟庄、许沟、沟头赵属冶铸结合的遗址。

　　杨庄遗址出土冶炼炉和熔炉壁残块。赵庄遗址发掘一座炼炉基，战国末期建炉，炉基和腹壁使用了掺木炭屑、砂粒和黏土的专用炼铁的黑色耐火材料。这是中国已经发现最早的碳素

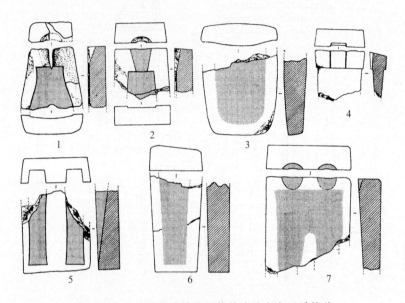

图五六　河南鹤壁鹿楼战国铸铁遗址出土泥质铸范

1. Ⅰ式锄范底（T2②:59）　2. Ⅱ式锄范底（T3②:113）　3. 锄范盖（T5②57）
4. 锛范芯（T2②:54）　5. 双镢范底（T2②:55）　6. 单镢范盖（T2②:60）
7. 双镢范盖（T4②:15）

耐火材料炼铁炉。铁炉后村和杨庄、赵庄遗址位于棠溪河岸边，应是"棠溪剑"制造地；翟庄遗址位于龙泉水北岸，似为"龙泉剑"制造地；铁山遗址因铁山黑而可能是"墨阳剑"制造地；沟头赵和许沟遗址位于谢古垌古城遗址以北以南并距离甚近，似为"干将剑"和"莫邪剑"制造地。

新郑仓城铸铁遗址是韩国都城的铸铁作坊，仅作了小面积试掘。遗迹有退火脱碳炉底及抽风井、陶窑式烘窑。出土泥范与登封阳城遗址相同。

　　辉县共城铸铁遗址也是小面积发掘。出土铸铁遗物与鹤壁遗址相同。

　　河北兴隆铸铁遗址因发掘面积有限，仅发现八十七件及数套用铸造农具和工具的铁质铸范，如钁范、双镰范、锄范、双凿范、斧范、车具范等。这是中国最早的铁质金属范。从铁范的造型特点看，全是用铸模铸出，如锄范（图五七）、斧范和凿范。铁范又由内、外范和一范芯组成，每件铁范需两块铸模合铸，即六块铸模分铸三件铁范，再由三件铁范合铸一件铁农具或工具。铁范的各个部位设计的非常科学。据研究，铁范可以多次铸造，一套范约可铸造五千至一万件产品，并且在时间上是连续的。

　　综上所述，战国时期是铁器各项铸造技术的初创期：一、炼铁炉经多次改进，由沙泥质材料堆筑的竖炉发展到适合炼铁

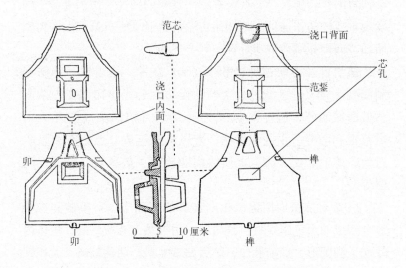

图五七　河北兴隆战国铸铁遗址出土铁锄范

的黑色碳素耐火材料夯筑的竖炉。二、熔铁炉也经多次改进，由单一草泥条筑成熔铜竖炉发展到适合熔铁的综合材料筑成的竖炉。三、农具和工具的铸造造型材料同样由铸铜的泥质范改进到适合铸铁的沙泥质范，石范仍在沿用，并出现更为先进科学的铁质范。三种范均属多次使用、批量生产的硬型。四、农具和工具的模范造型技术初创出由铁和木质组成的模具→泥质铸模→铁范的一套科学工序。五、小件制品广泛采用初型叠铸技术，提高了小型金属铸件的产量。六、退火脱碳的窑炉可脱去生铁的脆性并增强其韧性、钢性和锋利性，使农具、工具和兵器的性能更加完善，初步形成液态冶炼→液态铸造成形→固态退火脱碳三位一体的快速制铁新技术。

2. 汉代铸铁锻铁遗址

汉代铸铁遗址的分布较为广泛。其中大铁官的作坊规模大，小铁官的作坊规模小。在设置特大铁官的河南、南阳等郡中均发现重要的铸铁遗址。如郑州古荥铸铁遗址、巩县铁生沟铸铁遗址、南阳宛城铸铁遗址等。现分述如下。

郑州古荥铸铁遗址面积 12 万平方米，是冶铁、铸铁和制陶既综合又分区域进行生产的作坊。三作坊均设在古荥阳县城西城墙外，遗迹有 1、2 号炼炉，大积铁块（图五八），烘范窑和陶窑，水井和水池，鼓风机械坑等。遗物有大量矿石块、炼渣、耐火砖、泥质铸模和铸范、鼓风管、铁器、陶器等。

1、2 号炼炉均用掺氧化硅甚高的红黏土、石英砂和煤粉混合而成的黑色碳素材料筑内层，用红黏土夯筑外层。炉体内外均呈椭圆形，炉前操作，炉后斜坡上料，两侧鼓风。大积铁块形状与炉腔相同，根据形貌可以研究炉内温度及炉料的运行和冶炼概况。从耐火材料中的熔炉壁残块、鼓风管看，烘范燃料是圆煤饼。熔炉炉型、农具和工具铸造的造型技术与南阳宛城遗址相同。由模具→铸模→铁范→产品等一整套科学铸具的生产线大批量生产铁器。在个别铁器和铸模上发现河南郡第一号作坊"河一"铭文。

巩县铁生沟铸铁遗址面积 2 万多平方米，属冶炼和铸造相结合的作坊。遗迹有炼炉基十八座、熔炉基一座、藏铁坑十七个、矿石坑一个、房基四座。遗物有大量耐火砖和炉壁残块、鼓风管残块（图五九）、冶炼和熔炼渣块、部分泥质模范块、铁器（图六〇）、矿石块、木炭和煤、陶片、砖瓦残块等。

炼炉的炉缸直径 0.8 ~ 1.8 米，属中等炼炉，每炉约产铁 0.34 ~ 0.6 吨（平均 0.47 吨），亦属竖炉。这为铸铁提供了大量的铁水原料。与南阳宛城遗址相同。退火脱碳炉的底和周壁是空腔，不仅能提高炉后部的温度，而且能使炉内温度均匀，

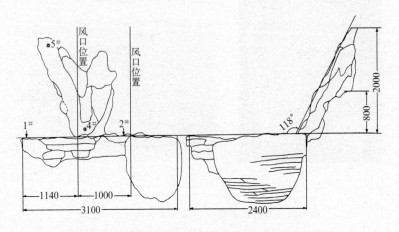

图五八　河南郑州古荥汉代铸铁遗址出土大积铁块

1、2、4、5 是取样位置

图五九　河南巩县铁生沟汉代铸铁遗址出土遗物
1. 长方形耐火砖（T16：20）　2. 青色弧形耐火砖（T12：3）
3. T12 熔炉口部炉壁残块　4. 陶鼓风管（T14：31）

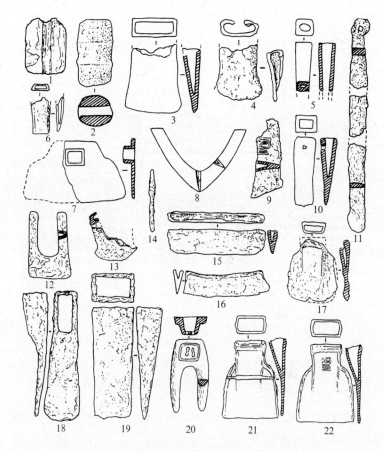

图六〇 河南巩县铁生沟汉代铸铁遗址铁器

1. Ⅰ式锤（T4：2） 2. Ⅱ式锤（采：1） 3. 锛（T8：3） 4. 锛形器（T6：9）
5. 凿（T10：7） 6. 小锛（T5：46） 7. 锄（T8：1） 8. 铧（T12：7） 9. 铧
（T5：48） 10. Ⅱ式镬（T12：5） 11. 剑（T16：18） 12. Ⅲ式镬（采：2）
13. Ⅲ式镬（T18：24） 14. 箭头（T5：26） 15、16、17、21、22. 铲（T5：20、
T5：24、T13：1、T8：22、T8：2） 18. Ⅰ式镬（T15：19） 19. Ⅱ式镬（T4：1）
20. 双齿镬（T10：3）

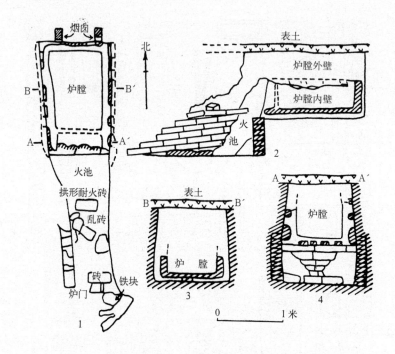

图六一 河南巩县铁生沟汉代铸铁遗址脱碳炉平剖面图

1. 平面图 2. 西剖面图 3. 炉膛北剖面图 4. 炉膛口北剖面图

提高铁器脱碳成品率（图六一）。熔炉耐火砖、鼓风管、泥质铸模和铸范与南阳宛城遗址基本相同。在八件铁器上发现"河三"铁官铭文。

20 世纪 70 年代末，韩汝玢、笔者等人再次对巩县铁生沟铸铁遗址中的遗物作了研究，并在此基础上展开了关于河南汉代铸铁遗址和铸铁技术的综合研究（详见后文）。

研究之前，先逐件考察了全部发掘品，并广泛选择标本进行化验分析。所选标本为炼炉基址（炉内径 0.71～2 米）八座、炒钢炉、锻炉、退火脱碳炉（原名反射炼炉）各一座，烘范窑（原名海绵铁炉）五个，各种用途的窑（原名冶炼排炉）五个。据三件熔炉壁耐火砖统计，熔炉内径85厘米、99厘米、115厘米，平均内径0.99厘米。共检查出带"河三"铭文铁器九件。七十三件铁器标本经金相分析后发现，其中有白口铁十九件、灰口铁八件、各种可锻铸铁十五件、脱碳铸铁八件、铸铁脱碳钢十四件、炒钢锻打件十四件。

此次再研究的收获是：一、炼炉壁使用煤、石英砂和黏土混合的黑色碳素耐火材料。二、在2000平方米范围内，发现各种炉窑、鼓风管和铸范、铁具等各种冶铸设备，具有重要的研究价值（图六二）。三、空壁退火脱碳炉是目前发现的最为科学的炉型，既可提高热效率，又可提高产品质量。四、八座炼炉中直径超过1米者五座，并以圆形为主，属初期尝试扩大容积的炉型。五、用红土耐火砖末作鼓风管和叠铸范底版的熟料，以增加强度和减少收缩率。在温县遗址叠铸范中也发现有熟料，说明使用熟料似较为普遍。六、铸有"河三"铁官铭的铁器九件，比以前多发现五件。湖北铜绿山铜矿冶遗址的汉代遗迹中也出有"河三"铁官铭铁斧，说明巩县铁生沟的产品已远销到江南。七、陶量刻有"舍"字，郑州古荥遗址陶器上也有"师舍"铭文，说明这是作坊中"工师"的专用器。八、陶盆上刻有"大赦"二字，说明作坊中使用的劳动力中有一定数量的"刑徒"。

南阳宛城铸铁遗址与铸铜、制陶二作坊位于内外城之间，面积12万平方米。遗迹有熔炉基址、勺形鼓风机械基址（图六三、六四）、炒钢炉址、锻炉址、脱碳窑炉、烘范坑等。遗物有熔铁渣、熔炉耐火砖、鼓风管残块、泥质铸模和铸范、铁范、

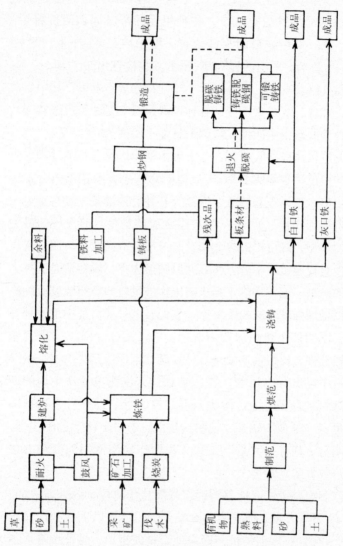

图六二 河南巩县铁生沟汉代铸铁遗址生产工艺流程图

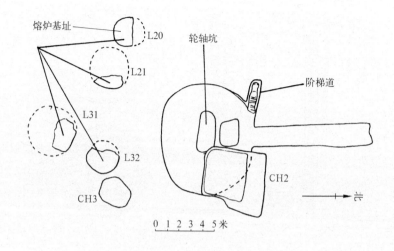

图六三 河南南阳宛城汉代铸铁遗址熔炉基址与
勺形鼓风机械遗址平面关系图

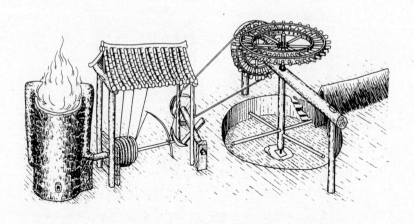

图六四 河南南阳宛城汉代铸铁遗址勺形鼓风机械复原示意图

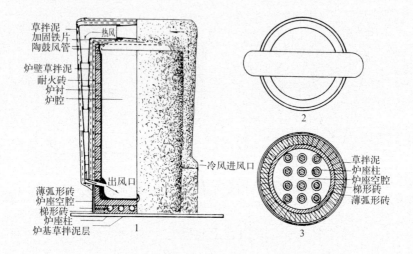

图六五　河南南阳宛城汉代铸铁遗址熔炉结构示意图

1. 炉体结构图　2. 俯视图　3. 炉座断面结构图

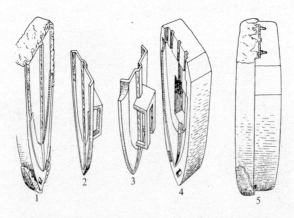

图六六　河南南阳宛城汉代铸铁遗址出土犁铧上横与上范套合关系示意图

1. 上内模　2. 上范内面　3. 上范外面　4. 上外模　5. 模的套合

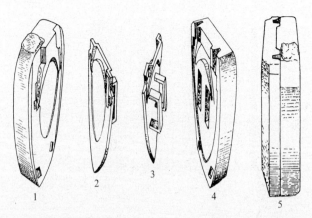

图六七　河南南阳宛城汉代铸铁遗址出土犁铧下模与下范套合关系示意图
1. 下内模　2. 下范内面　3. 下范外面　4. 下外模　5. 合模

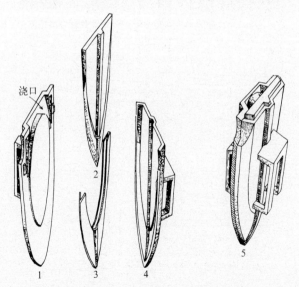

图六八　河南南阳宛城汉代铸铁遗址出土犁铧范套合关系示意图
1. 下范　2. 范芯　3. 铧　4. 上范　5. 合范

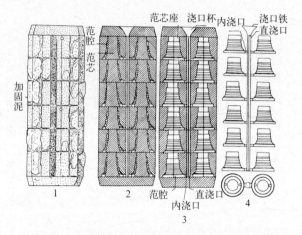

图六九　河南南阳宛城汉代铸铁遗址出土车舝范铸造工艺图（一）

1. 舝范合范后的外形示意图　2. 舝范合范后的剖面示意图

3. 舝范合范后的浇道系统和范腔　4. 车舝叠铸件示意图

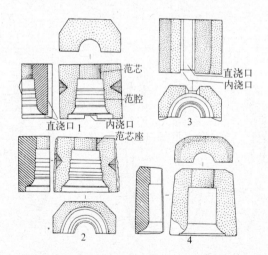

图七○　河南南阳宛城汉代铸铁遗址出土车舝范铸造工艺图（二）

1～3. Ⅰ式车舝范（T32：14、T17H7：20、T32：14）　4. Ⅱ式车舝范（T1：174）

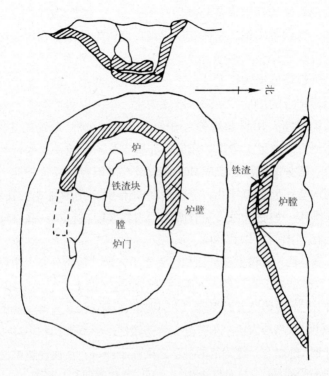

图七一 河南南阳宛城汉代铸铁遗址炒钢炉平剖面图

铁器等。

由于熔炉耐火砖和鼓风器具齐全，又有完整的炉基和勺形鼓风基坑，经研究复原了人力鼓风机械和热鼓风熔炉（图六五）。犁铧、锸、镢等模范较全，以犁铧为例，可还原出由模具→铸模→铁范→犁铧产品的系列铸造工艺（图六六、六七、六八）。铸模可批量造型，铁范可连续数千次铸造产品，十分科学。铸造明器的车害范是叠铸泥范，一次可浇铸十二件左右，属高产量铸范（图六九、七〇）。炒钢炉和炒钢铁器是中国目前发现最早的炒钢设备和制品（图七一）。铁产品材料有韧性铸铁、铸铁脱碳钢、生铁炒炼成钢、白口生铁等。在铸模和铁器上发现"阳一"铁官铭文。

鲁山望城岗铸铁遗址位于南关路东西两侧岗地，是冶炼与铸造相结合的遗址。西岗以冶炼为主，东岗以铸造为主。发掘炼铁炉一座，用材和规模（炉缸长轴约4米，短轴约3米）与郑州古荥遗址1号炼炉相同，亦属于日产1吨铁水的特大型炼炉。熔炉壁残块、农工具的泥模范与南阳宛城遗址相同。炼炉的构造和形态与郑州古荥遗址炼炉有别。此炉是左右长轴，炉前操作，炉后鼓风，左右两侧利用斜坡装料。在一些农具铸模上有"阳一"铁官铭文。

温县西招贤铸铁遗址面积约1万平方米，地面分布大量汉代范块、熔铁渣、陶片等。北部一座烘范窑（图七二、七三），窑内出土泥质叠铸范五百多套，也有陶器、熔渣和木炭等。叠铸范的铸件以车马器为主。车軎范一套铸四件，小革带扣和小环一套铸四十八件左右。叠铸范的科学之处在于：一、互换性造型法扣合十分严密。二、自割性内浇口。三、范片薄到1.1厘米。

新安孤灯铸铁遗址面积6万多平方米，是冶炼与铸造相结合的遗址。发现铁范和铁器窖藏坑一个、窑一座、炒钢炉多座、大积铁二块，大量炼渣和熔渣、熔炉壁和鼓风管残块、陶瓦片等。遗址南和西各1公里处有铁矿坑和煤矿。炉壁残块与巩县铁生沟遗址基本相同。值得重视的是出土铁质犁铧范、铲范多套，即使用永久性范铸造铁农具。在铁范上铸有"弘二"铁官铭文，表明遗址是弘农郡第二号作坊。据《汉书·地理志》，弘农郡是仅设一个作坊的准大铁官，前述考古发现将其提升为中等大铁官。

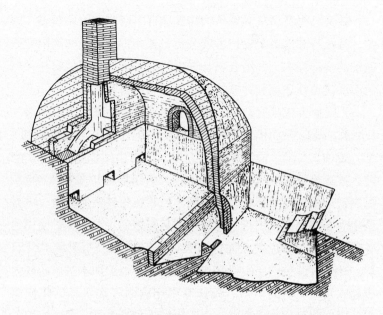

图七二 河南温县西招贤汉代铸铁遗址烘范窑复原示意图

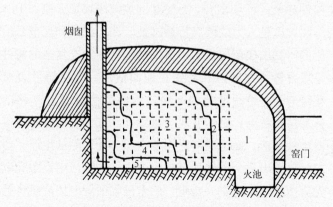

图七三 河南温县西招贤汉代铸铁遗址烘范窑温区示意图

1. 900 ~ 1100℃ 2. 800℃左右 3. 500 ~ 700℃ 4. 200 ~ 500℃

5. 100 ~ 200℃ （虚线方格是堆放的叠铸范）

前文已提及，巩县铁生沟铸铁遗址再研究的收获颇多，因此，韩汝玢和笔者又逐件考察分析了郑州古荥遗址和南阳宛城遗址的全部标本，并结合巩县铁生沟遗址资料及其他材料，对河南汉代铸铁遗址和铸铁技术进行了全面研究。

上述研究成果有：一、巩县铁生沟六座炼炉，炉径 0.8 ~ 1.8 米，残高约 1 米。郑州古荥两座大炉，其中 1 号炉长轴 4 米，短轴 2.8 米，面积 8.5 平方米，炉南边的积铁块重 20 余吨，推算炼炉容积 50 立方米左右。椭圆形炼炉是扩大炉径、提高铁产量的有效形状，应由四个风管在短轴两侧对吹。巩县铁生沟与郑州古荥炉料中均加入石灰石熔剂。二、炼炉使用含硅较高的黄、红色黏土并掺石英砂夯筑炉壁或制成耐火砖筑炉。郑州古荥炉内层中特殊加入煤粉，其他炉加木炭屑而成为黑色碳素耐火材料。三、铸铁专用连续而多次熔炼的化铁熔炉，以便获得优质铁铸件。南阳宛城熔炉址多达六个，熔炉各部位构件甚全，可复原出空心炉基的热鼓风熔炉形象。炉基旁的勺形圆坑应是人力的鼓风机械基址。四、泥模和泥范是使用最广泛的铸具。模范的形状由铸件的形状决定。复杂的铸件需众多范块合铸，大型铸件需要在地面造型。为使铸件表面光洁、花纹清晰，特制精细的面料。为使范芯具有透气和退让性，特加植物粉末，烘烤后成为微细孔。五、叠铸技术不仅用于铜器小件铸造，而且也广泛用于铁器小件产品的生产。叠铸范一次可以铸出多个铸件甚至数十个铸件。除河南南阳和温县外，先后在陕西的西安、咸阳，山东的临淄等地发现烘烤叠铸范窑。这说明使用叠铸技术的地区较为普遍。到目前为止，仅有温县烘范窑作了相关研究。南阳宛城的车害是多堆式叠铸范，设计十分巧妙。这是叠铸技术的又一发展。郑州古荥烘范的燃料是煤。这是最早以煤为烧陶和烘范的例证。六、战国末期，燕国始用铁范，其他各国则使用快速制模多次翻范和铸造的造型技术。汉代的铁范铸造遍及八十余个大铁官作坊，其产品种类超过战国一倍。铁范制作方法各地基本相同，均为六块铸模→铸三件铁范→铸一件产品。经研究，铁范的制造技术已被复原出来。铁范结构设计科学，铸造生产效率高，可固态还原出适合各种用途的优良钢铁产品。七、韧性铸铁又称可锻铸铁、展性铸铁。它在各种铸铁材料中优于白口铁、灰口铁和孕育铸铁，具有较高的强度、一定的韧性和抗冲击的能力。在品种上发现有黑心韧性铸铁、白心韧性铸铁和铸铁脱碳钢。退火石墨形状多数规整，少数铁器具有团块状石墨球形态。尤其巩县铁生沟的一件镢的石墨球相当于现代ⅠA级，有石墨核心和放射性结构，是重大发现。八、南阳宛城的两件铸制铁凿使用铸铁脱碳钢材锻造而成，经分析是件非常纯净的含碳量1%的碳素钢，渗碳体成为良好的球状。在不少遗址中出土大量铸造成形的梯形锄状薄铁板，郑州古荥两件经检验是低碳钢，另外十余件含碳量在 0.1～0.2% 之间。这些产品除河南地区外也有发现，意义重大。九、铸铁炒炼成钢是铸铁脱碳成钢进一步发展的新的制钢法。炒钢是生铁在半熔融状态下炒炼脱碳成钢的。在半固态情况下搅拌使其氧化完全，获得的是低碳钢；在氧化不完全时终止，获得的则是中碳钢。巩县铁生沟还发现高碳钢和低碳钢铁器。山东苍山县出土的汉代"永初六年卅炼"钢刀就是含碳量 0.6～0.7% 和含锰、硫、磷很低的优质高碳钢。南阳宛城出土的东汉类似炊具的铁刀，其刃部有平行的锻接痕迹，系用炒钢锻成。巩县铁生沟和南阳宛城遗址中均发现炒钢炉。巩县炉呈"缶"形，南阳炉呈椭圆形但底部还有铁块，两者大同小异。两遗址的炉顶部均损毁，最高温度在中部，系顶吹式鼓风，与山东滕县宏道院画像石锻铁鼓风图炉类似。此种炒钢炉和炒钢技术在伏牛山区一直沿用至20世纪40年代。生铁炒炼成钢技术在中国钢铁史上具有划时代的意义。

总之，通过对巩县铁生沟、郑州古荥、南阳宛城等遗址的全面研究，使我们对中国制铁技术史有了新的认识。

除上述遗址外，陕西西安也发现汉代铸铁遗址。

西安汉长安城铸铁遗址位于长安城西北角，面积138.8平方米。遗迹有熔炉基址（原名炼炉）、烘范窑、灰坑等。遗物有叠铸泥范、建筑材料、陶器片、熔渣等。烘范窑亦借用汉代普通半地穴式陶窑，但属三联式窑，即三个窑共用一个操作坑。三联式窑的出现，说明烘烤泥范量相当大，当然铸造铁器量也很大。在三个窑南边和东边的五个灰坑（H1～H5）中出土大量熔渣、瓦片、废弃的泥质叠铸范块，其中有经过烘烤、未经烘烤的范块和鼓风管残块（原名坩埚残块）。叠铸范的品种有车害范、六角釭范、革带扣范、烛灯范、齿轮范、权范、器盖范、镇器范等。还有建筑材料和陶器残件等。齿轮范带有"东三"铭文，六角釭范带有"申三"（？）二字。

西安汉长安城武库铸铁遗址位于西安市郊大刘寨村，即长安城内中南部。多次发掘获得大量铁铠甲、铁镞、铁剑、铁刀、铁矛、铁戟、铁斧、铁锛、铁凿、铁锤、铁钉等。经金相分析，其中的铁镞、铁矛、铁戟、铁刀有珠光体和铁素体。铁戟和铁铠甲是熟铁，也有炒钢材料。这证明铁兵器是用多种技术和铁材制成的。

3. 魏晋南北朝铸铁遗址

魏晋南北朝铸铁遗址的考古资料很少，仅有河南渑池铸铁

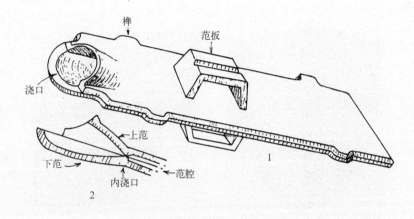

图七四　河南渑池魏晋南北朝铸铁遗址出土板材范
1. 板材范　2. 浇口剖面图

遗址经过调查并发现窖藏铁器。

渑池铸铁遗址位于渑池火车站东边，面积 5.5 万平方米。遗址遍布炼渣、炼炉和熔炉壁残块、大量陶瓦片，并出有铁范等。窖藏坑位于遗址东北部，出土铁器四千一百九十五件，分为六十多种，有铭文者四百多件，其中可辨出字形者二百九十二件。

铁范有板材范（图七四）、双柄犁范、铧范、锸范、箭头范等。

铁器有铁砧、铁锤、铁钎、鼓风管、六角钮、圆钮、凹字形钮、齿轮、犁、犁镜、犁铧、兵器斧、镢、釜、鏊、灯、炙炉、铁权、铺首、鸠、帷幕角架、铁材和烧结铁，此外还有夹刃铁斧、铁夯、凿、锛、盆形甑、案形器、碾槽、杏、盖弓顶、盖弓帽、网坠、刀、钉、抓钉、铁钩、碗形器、铃、铁圈、

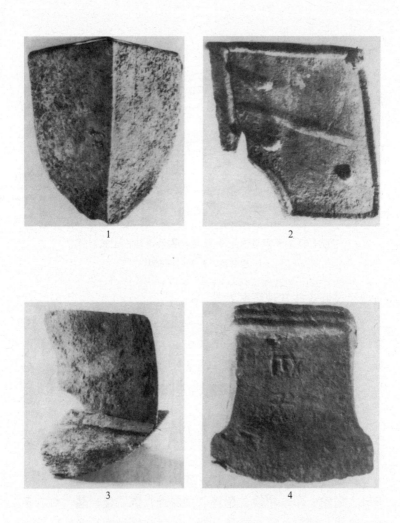

图七五 河南渑池魏晋南北朝铸铁遗址出土铁农具
1. 铁犁（棱脊轻微磨损） 2. 犁镜 3. 犁镜和犁铧套合 4. 铁斧

铁条、铁棒、铁鼻、各种浇口铁、铁锭、铁饼等（图七五）。

铁器形体发生很大变化。众多农具一改汉代铁器大型化的局面，在形体上普遍小型化。虽有少量大型铁器，但其灵活性和适用性得到提高。这个阶段是铁具改良的重要时期。六角釭的直径大小在汉代较为单一，此时从 6.5～15.5 厘米共约十五个规格，说明使用轴釭的机械种类繁多。箭镞范和箭镞由小到大五种规格，联系古代弓弩分十种重量级，可能是一、二石弓弩配小号镞，九、十石弓弩配大号镞。夹钢刃斧的发现，说明专门制作复合材料钢铁工具似始于此时。绝大部分铁器是铸造成型。东汉时的刀具、镰刀、板镢、凿、部分斧具、部分锄具改进到锻造成型。其韧性和锋利性优于铸铁。但曹魏至北魏时期，在铁器成型方法上放弃锻造恢复铸造。表面看似乎是倒退，而实际上在战争频繁的社会动荡时期采取快速成型铸造法是时代的需要。这再次显示了铸造的优越性。

铁器铭文有渑池军左、渑池军右、渑池左、渑池右、渑左、渑右、渑、□渑，绛邑冶左、绛邑邑右、绛邑左、绛邑，津左、津右、津，张王，新安右、新安，周左、周，成右、邑右，夏阳，阳城，山，□冶，□，匠□□官□□□□，□冶，□左，官少等。其中夏阳、津左、张王具有隶书特点，并由汉隶向魏隶转变。其他均是楷书，属北魏时期，具有时代特点。军左和军右显系曹魏时期对冶铁业实行军事编制和管理的体制。从渑池、绛邑、夏阳、阳城、新安、周、山、津、邑右、邑口、成右等地名看，这批铁器来自十一个冶铁作坊。它们西自黄河西岸的夏阳（陕西韩城），东到山东，南起阳城（河南登封），北达牟口（河南浚县）或邑右（山西大陵），基本多在黄河中游两岸。

铁器的成分和金相检验涉及面广且分析深入，进而取得一系列重要成果：一、铁器种类有白口铸铁、灰口铸铁、麻口铸铁、可锻铸铁（展性铸铁）、白心可锻铸铁、黑心可锻铸铁、铸铁脱碳钢、球墨可锻铸铁、熟铁等，并具有多种性能，适合各种生产需要。二、一件铁斧的球墨圆度虽不十分规整，但球墨形态和结构基本具备，成为世界上发现最早的球墨铸铁。因为球铁生产难度大，所以这是冶铁技术史上的重大发现。相当于现代二、三等规模的球铁，在河南发现不少。三、铁范形式、铁器的成分和金相组织、铁器的制作技术等与其他遗址基本相似和接近。这体现了铁器生产的规范性。

渑池大量铁器属铸铁脱碳类，结合巩县铁生沟、南阳宛城和郑州古荥遗址液态冶炼的研究推测，北魏竖炉的铁水产量不会少于汉代中等炉的 0.6 吨左右，其铸铁方法与汉代一脉相承。这反映出中国由战国至南北朝时期的制铁技术基本是竖炉液态冶炼→竖炉液态熔化兼硬型铸造成器→固态退火脱碳。中国独创的上述三位一体的高质量、高速度的制铁技术大大优于西方。

4. 元明铸铁遗址

元明时期铸铁业虽然发达，但留下的遗址却甚少。由于大型铸铁件较多且不便移动，铸造设备只能跟从铸件搬迁，因此出现了移动式、临时性的作坊。同时，固定性作坊仍然存在但可能为数不多。河南郑州荥阳楚村元代铸铁遗址即为难得的一处。

楚村元代铸铁遗址位于该村西南边，面积 5000 平方米。出土与铸铁有关的遗物有坩埚、熔炉壁残块和熔渣、铜质犁铧铸模一件、铜质犁镜铸模二件、铜质犁铧芯盒二件、铜质耧铧模二件、耧铧芯盒二件、铜质犁底模一件、铜质耙齿模二件、桥形器模一件、莲花饰器二件。还发现窑址二十三座。

经研究，取得的主要成果有：一、坩埚具有较高的耐火度和抗侵蚀能力，适用于酸性炉渣。二、坩埚材料使用旧坩埚或砖瓦碎屑等熟料，以提高坩埚的耐火度。这种坩埚在江苏扬州唐代冶铸遗址和内蒙古集宁路元代遗址中都有发现。三、坩埚材料中还加入煤粉，进一步提高其耐火度。四、坩埚中含铁，证明坩埚是用于熔化铁的。五、渣中有的含铜，有的含铁、含煤，证明作坊用煤作燃料，既铸铁器也铸铜器。六、铜质模上有合范缝和浇口茬，可能由使用铜金属样模与木质模板和模框组成的模具制出的泥质铸模铸出。铜模和范芯盒设计独特，即铜模周边自带边框，等于自带型箱，既节省边框设备又减少操作程序。铜模又不易生锈，表面光洁优于铁模，生产效率高，改善产品质量。使用铜模盒是铸造工艺技术史上的重要进步。七、铜模盒上还自带芯座、浇口、冒口，在翻制砂型时可一次直接翻出。翻出的范既规整效率又高。使用现代型砂模拟铸出了灰口铁的农具铸件。

注　释

[1] 李京华《关于中原地区早期冶铜技术及相关问题的几点看法》，《文物》
　　1985 年第 12 期；李京华《中国早期冶铜技术初探》，《文物研究》1990 年
　　第 6 期。

[2] 韩汝玢、柯俊《姜寨第一期文化出土黄铜制品的鉴定报告》，《中国冶金史
　　论文集》（二），《北京科技大学学报》增刊，1994 年 3 月；陕西省考古研究
　　所《姜寨——新石器时代遗址发掘报告》，文物出版社 1988 年版；巩启明
　　《姜寨遗址考古发掘的主要收获及其意义》，《人文杂志》1981 年第 4 期。

[3] 中国社会科学院考古研究所山西队等《山西襄汾陶寺遗址首次发现铜器》，
　　《考古》1984 年第 12 期。

[4] 河南省文物考古研究所等《登封王城岗与阳城》，文物出版社 1992 年版；
 北京科技大学冶金史研究室孙淑云《登封王城岗龙山文化四期出土的铜器
 WT196H617：14 残片检验报告》，《登封王城岗与阳城》（附录一），文物出
 版社 1992 年版；河南省文物考古研究所等《登封王城岗遗址的发掘》，《文
 物》1983 年第 3 期。

[5] 中国社会科学院考古研究所河南二队《河南临汝煤山遗址发掘报告》，《考
 古学报》1982 年第 4 期。

[6] 李京华《关于中原地区早期冶铜技术及相关问题的几点看法》，《文物》
 1985 年第 12 期。

[7] 同上。

[8] 同上。

[9] 中国社会科学院考古研究所《偃师二里头》（1959 年~1978 年考古发掘报
 告），中国大百科全书出版社 1999 年版。

[10] 同 [3]。

[11] 河南省文物考古研究所《郑州商城》，文物出版社 2001 年版；河南省文物
 研究所《郑州商代二里岗期铸铜基址》，《考古学集刊》（6），中国社会科
 学出版社 1989 年版；李京华《中国河南省郑州市の商代铸铜遗迹の调查研
 究》，日本金属学会《金属博物馆·纪要》，1998 年第 29 号；李京华《郑
 州食品厂商代窖藏大方鼎"拼铸"技术初探》，《文物保护与考古科学》
 1997 年第 2 期；河南省文物考古研究所《郑州商代铜器窖藏》，科学出版社
 1999 年版；李京华等《郑州南顺城街商代窖藏大方鼎"拼铸"技术再探》，
 河南省文物考古研究所等《郑州商代铜器窖藏》，科学出版社 1999 年版。

[12] 中国社会科学院考古研究所《殷墟发掘报告》，文物出版社 1987 年版；李
 京华《中国河南省安阳殷墟の青铜器铸造遗迹の调查研究》，日本金属学会
 《金属博物馆·纪要》，1999 年第 31 号。

[13] 谢青山、杨绍舜《山西吕梁县石楼镇又发现铜器》，《文物》1959 年第 1
 期。

[14] 李德方《洛阳北窑西周铸铜遗址》，《中国考古学年鉴》，文物出版社 1990
 年版；洛阳市博物馆《洛阳北窑西周遗址 1974 年度发掘简报》，《文物》
 1981 年第 7 期；洛阳市文物工作队《1975~1979 年洛阳北窑西周铸铜遗址
 的发掘》，《考古》1983 年第 5 期；李德芳等《洛阳大面积发掘西周冶铜遗
 址》，《中国文物报》1990 年 2 月 24 日；李京华《洛阳西周铸铜遗址发掘
 与研究》，日本金属学会《金属博物馆·纪要》1997 年第 28 号；李京华

《洛阳西周铸铜技术探讨》，《河南文物考古论集》，中州古籍出版社 2000 年版；谭德睿《植物硅酸体及其在古代青铜器陶范制造中的应用》，《考古》1993 年第 5 期；李京华《洛阳西周铸铜技术的探讨》，《河南文物考古论集》（Ⅱ），中州古籍出版社 2000 年版。

[15] 山西省考古研究所《侯马铸铜遗址》，文物出版社 1993 年版；张万钟《侯马东周陶范的造型工艺》，《文物》1962 年第 4 期；李京华《东周编钟造型工艺研究》，《中原文物》1999 年第 2 期。

[16] 何贤武《法库县湾柳街青铜时代遗址》，《中国考古学年鉴》第 142 页，文物出版社 1989 年版。

[17] 安从喜等《钟祥发现春秋炼铜遗址》，《中国考古学年鉴》第 106 页，文物出版社 1989 年版。

四 分析与研究

中国古代典型金属器物的

（一）典型铜器

1. 陕西临潼姜寨第一期仰韶文化铜片

姜寨铜片是中国目前出土的最早铜器，特别引人注目。铜片出于 T74F29 房基的底层，呈 4.7 厘米直径的圆形，厚 0.1 厘米。一面较平滑，另一面较粗糙，两面均有少数细裂纹，周边有粗锉痕，局部凹进处无锉痕，保留了铸造凝固时的面貌特点[1]。

经扫描电子显微镜和能谱仪等技术分析，铜片中锡、铁、铅含量较高，还有锌和硫。断截面的金相在不同部位晶间组分不同，带轻微树枝状晶偏析象，晶界处是含锡较高的 δ 相或（α + δ）共析相，含锌量较低，还有弥散的铅粒。表面与内部组织相同，杂质较多，甚为原始，系铸造组织。

此铜片的重大价值在于：一、它是中国最早的液态熔炼铜，说明当时必定会有熔炼炉；二、它是中国最早的铜铸件，说明当时也必定会有铸范；三、它是姜寨仅见的铜片，说明当时可能还会有简单的铸造铜器，但尚待今后进一步发现。

2. 河南登封王城岗龙山文化四期夏代铜鬶残片

登封王城岗龙山文化四期城址在夏商周断代工程中被列入夏代。文献中曾有"禹居阳城"之说，此城之东是韩国阳城，其西可能是郑国阳城。这件出于夏代城中的铜鬶残片显得尤为重要[2]。

经原子发射光谱、金相和扫描电子显微镜等技术分析，铜鬶残片具有典型的锡、铅青铜铸造组织，锡含量大于7%，铜含量较高。

3. 河南安阳殷墟铜圆斝

斝是殷商典型礼器之一[3]。对于它的成形，李济、万家宝、华觉明等学者早有研究。由于铜斝通身保留有合范铸缝，便于考察范的特点。斝体一周六条范缝，据此判断，腹部由六块范组合而成，一处装入鋬范。柱分帽和柱两段，但帽分铸。足范虽然分别制作，但与底范组装严密而颇似混铸。鉴于鋬的正面有条浇口断茬，说明斝是横向浇铸的。爵的铸造技术与此基本相同。

4. 河南安阳殷墟司母戊方鼎

司母戊方鼎是殷商礼器中的重器[4]。因为它的铸造难度较大，所以更引起于省吾、郭宝钧、杨根、丁家盈、冯富根、华觉明等学者的关注。其中研究最系统者是华觉明，他认为"该鼎是由一块整范（内含六块分范）组成，六块分范组成鼎腹上部、下部的饕餮纹（每组花纹用两块分范）及两侧的饕餮纹和夔龙纹（每侧一块）。分范是在分模上翻制，再嵌入整范。鼎腹由整块泥芯成形，鼎腹和鼎足由整块范成形，有鼎四隅扉棱走向和错缝的一致为证。浇口设在足端。腹部因腹范过大而变形，致使鼎腹外鼓1厘米多"。鼎耳鼎足因铸有缺陷而予以补铸。另对此鼎的金属也作了较多分析研究。

5. 河南淅川春秋铜禁

淅川铜禁采用失蜡法铸造技术[5]，对此，笔者曾作过专题研究。经过宏观和微观考察，笔者认为，铜禁的铸造先由总体到局部将禁体、附兽和兽足分为两大类（图七六）。两兽又分为两小

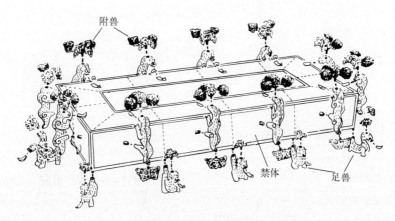

图七六 河南淅川春秋铜禁与附兽分解图

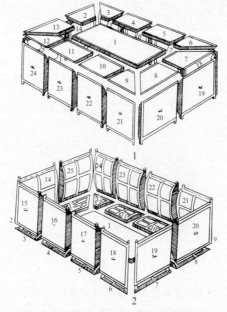

图七七 河南淅川春秋铜禁禁体分解图

1. 外面 2. 内面

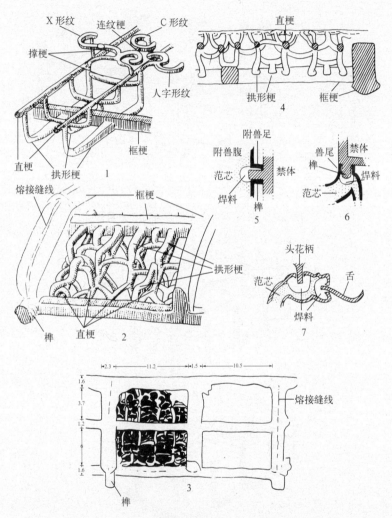

图七八　河南淅川春秋铜禁花纹及附兽结构示意图

1. 三种梗关系图　2. 框梗与拱梗关系图　3. 框梗尺寸图　4. 五层梗断面关系图

5. 附兽与禁体结构图　6. 足兽与禁体结构图　7. 附兽头结构图

类。禁体也分割成二十五块。分块、分兽、分附件具体设计，即化整为零从零件进行制作，最后将众多零件熔接和铸接组装成整体（图七七）。

禁体的二十五块分为禁面中心长方形板块、禁面梯形角块和方形块。各块的具体制作过程如下：制作成五角形断面的"粗框梗"（第一层）；在其上制作宽窄两种"拱形梗"，并等距分布熔接"直梗"（第二层）；在直梗之上再制作"花纹梗"，花纹梗由"人"字形、"X"形、卷曲形三种细梗组成（第三层、表面层），同时在三种花纹梗之间加饰"连纹梗"。上述各种蜡梗都是熔接连接的。

附兽的头花和尾花、兽足的花与禁体纹梗基本相同，但先制花纹的柄梗、再制树枝状花纹梗即成。附兽身和足是范铸成形，但在兽头和尾端铸有卯口，以便插入头花和尾花。附兽的后足端和足的尾端，亦各铸有卯口，附兽的足卯和禁体侧面凸榫插入焊接。足兽的尾卯口向上对准禁体侧面边梗下端榫头焊接（图七八）。

蜡梗制好后，用特制的泥浆逐层浇灌使其形成范壳，待干并烘烤排除蜡液，浇口向上放置进行浇铸，清除范料而获得铜禁铸件。

6. 湖北随州曾侯乙战国铜尊盘

曾侯乙铜尊盘同样采用失蜡法铸造[6]，华觉明对此进行了具体研究。

尊盘的尊由颈、腹、圈足及附件组成。尊体为四块范铸出，满布变形龙纹，浇口在圈足口沿，楔形冒口在底部并有方形铜芯垫。圈足镂孔并附四条双身屈张的龙纹，龙纹在分铸后铸焊其上。尊体铸有四处八个接铆，焊有八件分铸的龙身，组

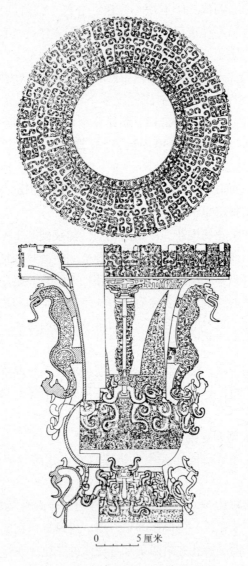

0   5 厘米

图七九　湖北随州曾侯乙墓战国铜尊

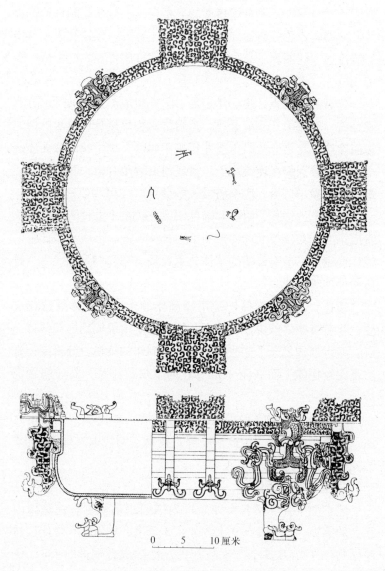

图八〇 湖北随州曾侯乙墓战国铜盘

成四条双身龙纹，龙首焊接于豹形兽尾端。焊接于颈部的豹形兽通体镂孔，舌分铸后焊接于下颚处。尊颈口部镂孔，在其内外铸接透空的圈饰。总之，共有三十四件附件在六处焊接、铸接成尊体（图七九）。

尊盘的盘由颈、腹、体、足、附件组成。镂孔的颈部分八段分铸，盘腹由八块范合铸，盘腹部对称焊接分铸成形的四龙和四夔纹。盘足分两段铸造并焊接于底部，把手状的六面体透空四饰件分别焊在夔纹之上。盘底由五块范合铸，八个浇口等距分布于圈足口沿，底中心设长条形冒口（图八〇）。

尊盘上的镂孔、附件和饰件图案花纹由十九种变体蟠螭纹组成十二个花纹单元。并按照不同部位形式、层次和高低组汇成玲珑剔透、节奏分明的整体艺术花环。环和尊颈由二十个铸接构件连结而成。

镂孔、透空和饰件均是用蜡制作的十二种变体蟠螭花纹梗，除自带梗之外再设辅助梗共同支撑。由纹梗到框梗共分三层，显得剔透复杂。这些梗全系蜡条制作的熔模。分析浇铸方法是花纹梗朝上而框梗（粗梗）向下烘范排蜡，而后倒置浇铸的。

继春秋战国铜器采用失蜡法铸造后，各代基本都沿用此法，如具唐代风格的传世铜卧佛、铜狮，明代铜文殊菩萨像，清乾隆朝铜钟等。

7. 北京明永乐铜钟

北京觉生寺（又名大钟寺）内的明永乐铸铜悬钟是国内最大的铜钟。钟身高5.9米，外径3.3米，重46676公斤。通身铭文二十二万多字[7]。经分析，化学成分铜80.54%，锡16.4%，铅1.1%。

截至 80 年代末，各方先后对铜钟进行过五次考察研究：一是大钟寺文物保管所对大钟的历史、作用及经文内容作了详细考察。二是中国科学院声学研究所对大钟的声学特性进行了测定。三是中国历史博物馆为展览而作了研究，并认为铜钟是地坑造型和失蜡铸造。四是我国著名铸造专家凌业勤和王炳仁进行了专门考察，并认为铜钟是泥型铸造成形。五是北京科技大学冶金史研究所以吴坤仪为首并由丘亮辉和笔者共同合作，先后从 70 年代中期至 80 年代初期进行两次考察。取得的成果有：一、在大钟悬挂连接处有长方形铁芯，经磁铁检查蒲牢内有铁芯，中心部位嵌入铁芯，用于增强蒲牢在悬挂状态下的承重力度。二、在大钟外壁有六圈经文分界线，是大钟外范的横向合范缝线，钟体由七层圈范组成。钟的顶部有十块不同形状的范，中间的圆形部分可能是浇冒口断面。蒲牢通体有许多纵横范缝线，泥范铸造法成形。三、蒲牢是先用一百三十块范铸成，加入钟体外范中，在铸钟体时一次铸接成整体的。综合上述范铸特点，经与江苏常州钢铁铸造厂模拟试验，其外观、强度和音响均达到预期效果。

（二）典型铁器

1. 河北沧州五代铁狮

沧州铁狮位于河北沧州东南古城中原开元寺前，高 5.4 米，长 5.3 米，重约 50 吨。背负巨大莲花盆，头顶有"狮子王"铭文，右项有"大周广顺三年铸"铭文，左胁有"山东李云造"铭文，头内有"窦田"、"郭宝玉"铭文[8]。曾经两次考察研究：一是罗哲文作了考察，认为莲花盆是菩萨座；二是由中国科学技术史学会金属史委员会中的吴坤仪、丘亮辉和笔者等对铸造技术进行了专题考察研究（图八一）。

铁狮外表通体有纵横的合范缝线，自上而下共二十一条横向范缝，各横向范间也有范缝，范块为大小约 25×45 厘米的长方形。经粗略统计，狮体由四百多块范铸成，莲花盆由六十五块范铸成。从狮的表面观察，粗糙、气孔、裂缝等缺陷较多。为保证质量，特在狮体内面的背和颈部铸凸筋，尤其在莲花盆下边的一周分铸出四条短筋，在颈部凸筋向上延伸，增强头部和莲花盆的承重力（图八二）。在颈下及腹部两侧分布许多圆帽钉芯撑，用于控制壁厚均匀度（图八三）。头顶及背部分布不同形状的生铁块，实起芯垫作用，这些芯垫是废铁的利用，在芯垫片上遗留有"窦田"、"郭宝玉"等人名，但不是铸狮的工匠名。

狮身的内外面两条范缝间有冷隔缝，尽管采用明浇方式，但因狮体过大而操作费时较长，两次浇铸的铁水不是热液熔接而是冷接，尤其是浇入的铁水表面有微量浮渣未清除干净，留在两次浇的冷隔间。本来两次浇入的铁水未能熔接，再有含空隙的浮渣存在，直接造成颈部及莲花盆下的断裂。冷隔现象及其危害性早被匠师们意识到，所以在浇铸狮颈、头及臀部尾根两侧处专门用熟铁条材夹铸在冷隔缝中，使其起到增强冷隔处坚固性的作用。但因铁条既窄又薄而强度不足，仍然未能达到增固的目的，下端颈的冷隔缝还是发生了断裂。只好在断裂处再补铸铁块来补救。

在铸造狮背及莲花盆时，由开放式浇铸改为封闭式浇铸。因为合范时间过长，铁水温度低而凝固，再浇入的铁水不能熔合，此处的冷隔缝更严重。其厚度仅有 3.5 厘米，在重达 5 吨

1

2

3

图八一　河北沧州北宋铁狮与铸造痕

1. 沧州铁狮　2. 铁狮背内凸筋（箭头所指）　3. 铁狮表面圆头钉（白圈所示）

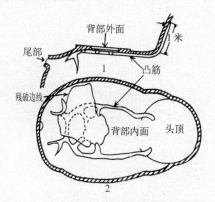

图八二　河北沧州北宋铁狮凸筋分布示意图

1. 左侧剖面图　2. 仰视剖面图

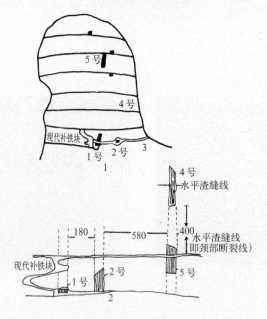

图八三　河北沧州北宋铁狮颈部铁条分布示意图

1.1~5号铁条分布示意图　2.1~5号铁条分布展示图

莲花盆的重压下必然会断裂。

同时，对狮的不同部位进行了取样分析。其为生铁铸造，含碳4.3%、硅0.04%、锰0.02%、磷0.087%、硫0.022%，铁条含碳0.15～0.2%为低碳钢。以木炭为燃料。

狮的铸造工艺是：制模翻范，自下而上合范，外范和芯间用圆帽钉作支撑控制空间，两侧采用开放式明浇，待至狮背、莲花盆口、头的顶部改为封闭式浇铸。在腹内铸《金刚经》文时，将写好的经文贴在芯的表面，阴刻经文。在浇铸狮颈时，由下而上随时插入铁条。盆沿设冒口，头顶设浇口。沧州铁狮是中国铸造史上的奇迹。

2. 湖北当阳宋代铁塔

当阳铁塔位于湖北当阳玉泉寺山门外。塔高十三级，七丈，重76600斤，铸造于宋嘉祐六年（公元1061年）。塔顶刹因故被毁，清道光十五年（公元1835年）改铸为铜刹。塔的外形属仿木质楼阁式建筑结构，平面八角形，外为铁壳，内为砖衬，塔中心空[9]。相关研究工作由北京科技大学冶金材料史研究所孙淑云主持。

经考察，从基座到顶刹共四十四块构件，下边基座层是莲花须弥座，最顶是铸有"清道光乙未年"的铜刹。每层八个面的偶角、倚柱、斗拱上都有范铸缝。斗拱和塔身及斗拱与平座间有分铸痕迹。在下层台阶一边底平面留有浇口痕迹，基座的力士头顶有榫卯，力士的两侧有合范缝线，力士足下仙山有两条范缝。力士、仙山和基座分别铸造，力士足和仙山连接处有铁水流淌痕迹，各构件之间有铸接、榫接等。总之，铁塔是采用拼范法铸造，即每层铸造之前先制作八块外范及一块范芯，合范时下设底箱、上设盖箱，各构件是泥范分铸，浇口设在中间部位。

对塔的有关部位进行了取样分析。塔身外壳是以木炭为燃料铸的麻口生铁，属低硫生铁。构件是灰口生铁。塔内使用的铁芯垫是利用白口和灰口生铁的废旧铁器。榫是用不同含碳量的废钢折叠在一起锻成的。总体来看，铁塔等大型铸件的铸造反映了当时我国生铁产量及冶铸技术已经达到了相当高的水平。

注　释

［1］韩汝玢、柯俊《姜寨第一期文化出土黄铜制品的鉴定报告》，《中国冶金史论文集》（二），《北京科技大学学报》增刊，1994 年 3 月。

［2］北京科技大学冶金史研究室《登封王城岗龙山文化第四期出土的铜器 WTI96H617: 14 残片检验报告》，《登封王城岗与阳城》（附录一），文物出版社 1992 年版。

［3］华觉明《圆斝的铸型工艺》，《中国古代金属技术——铜和铁造就的文明》，大象出版社 1999 年版；李济、万家保《殷墟出土青铜斝形器的研究》，1968 年；石璋如《殷代的铸铜工艺》，《历史语言研究所集刊》第 26 本。

［4］华觉明《方鼎的铸造工艺》，《中国古代金属技术——铜和铁造就的文明》大象出版社 1999 年版；杨根、丁家盈《司母戊大鼎的合金成分及其铸造技术的初步研究》，《文物》1959 年第 12 期；冯富根等《司母戊方鼎铸造工艺的再研究》，《考古》1981 年第 2 期；于省吾《司母戊的铸造和年代问题》，《文物精华》第 3 集。

［5］李京华《淅川春秋楚墓铜禁失蜡铸造法的工艺探讨》，《中原古代冶金技术研究》，中州古籍出版社 1994 年版；华觉明《淅川铜禁及其制作》，《中国古代金属技术——铜和铁造就的文明》，大象出版社 1999 年版；任常中、王长青《河南淅川下寺春秋云纹铜禁的铸造与修复》，《考古》1988 年第 5 期；谭德睿《灿烂的中国古代失蜡铸造》，上海科学技术文献出版社 1989 年版。

［6］华觉明《曾侯乙尊、盘的结构和制作工艺》，《中国古代金属技术——铜和

铁造就的文明》，大象出版社 1999 年版；谭德睿《灿烂的中国古代失蜡铸造》，上海科学技术文献出版社 1989 年版。

[7] 吴坤仪《明永乐大钟铸造工艺研究》，北京钢铁学院学报编辑部《中国冶金史论文集》，1986 年 10 月；凌业勤等《北京明永乐大铜钟铸造技术的探讨》，《科学史集刊》（第六集），1963 年；吴坤仪《明清梵钟的技术分析》《中国冶金史论文集》（二），《北京科技大学学报》增刊，1994 年 3 月。

[8] 吴坤仪、李京华等《沧州铁狮的铸造工艺》，《文物》1984 年第 6 期；罗哲文《沧州铁狮子》，《文物》1960 年第 2 期；王敏之《沧州铁狮子》，《文物》1980 年第 4 期。

[9] 孙淑云《当阳铁塔铸造工艺的考察》，《文物》1985 年第 1 期；华觉明《当阳铁塔》，《中国古代金属技术——铜和铁造就的文明》，大象出版社 1999 年版。

五　中国古代冶金技术的发展与研究

（一）冶铜技术

中国古代冶铸铜器得益于制陶技术。这使中国冶铸铜器技术具有了自己独特的特点，并对夏、商、周三代的经济和物质文化发展起到积极的推动作用。

公元前四千年左右的仰韶文化时期，为固态还原的块炼铜阶段。到公元前两千年左右的夏代，就发展到使用小竖炉熔炼液态铜并用于铸造铜产品的阶段。这时的铜产品已有工具、饮食具、礼器、乐器等多个品种。

商代铜器的制造和应用得到突飞猛进的发展。从大国到各个小侯国（或称方国）都能冶铸铜器。采矿点由少到多，由浅层到深层，井巷由小到大，铜矿原料不断递增和丰富。炼炉和熔炉由小到大，获得的液态铜料猛增，炼炉多次使用进而可缩短冶炼时间并提高铜的产量。熔炉由单一小炉发展到大、中、小多种炉型，便于熔铸大、中、小多种形体的青铜器。由单一铜元素及多元素的共生矿发展到多元素合金铜，铜的多种性能适应各种生产和生活需要。模和范材料的改进及造型技术的系列化和科学化，使得能够批量生产各种工具和用具。四羊方尊、司母戊鼎等青铜礼器体现了上述设备的完善和铸造技术的改进。

周代铜器的制造和应用范围更加广泛和普及。铜矿开采技术先进而矿产资源更为充足，冶炼竖炉容积增大而获得的铜料更为丰富。熔炉有四种之多，大型熔炉进一步扩大，有利于大型铜器的铸造。各类铜金属的合金，不但种类增多而且根据作用进行规范化。商代创造的统一设计、分部位制模翻范、在组装模上将众多范块进行组装的技术，在周代迅速提高和完善，并发展和创造出套铸、分铸、铸接、焊接、失蜡法等一系列铸造技术。这不仅可铸造复杂的工艺品，而且可大批量生产各类工具和用具，并在广大区域及各生产领域广泛使用。郑国的莲鹤方壶，晋国的犀尊，楚国的禁、尊盘，吴越的宝剑等都是运用上述技术制造的。

两汉以后的制铜技术随着佛教及其他宗教的兴起而获得新的发展。铜器逐渐成为寺院内的祭祀礼器，如佛或菩萨像、佛殿、佛塔、狮子、香炉、悬钟等。

总之，夏、商、周三代冶铜技术的发展促进了物质生产和社会经济的繁荣。尤其是遍及各个诸侯国中贵族之家的青铜礼器群，构成东周灿烂的青铜文化。西方虽然比中国早千年使用块炼铜，但却并未取得上述成就。因此，作为人类发展进程中的第二块里程碑是中国创造的液态铜，而不是西方创造的块炼铜。

（二）冶铁技术

中国液态冶铸铁器得益于液态冶铸铜器技术。这使得中国在发明块炼铁的同时快速转入液态冶铸铁器阶段，似乎短的未有转变的过渡期。

冶炼铁的炼炉设备可以借用炼铜竖炉炉型；熔化液态铁的熔炉可以借用熔铜竖炉；铸造铁器可以借用铸铜的泥模和泥范及其造型技术。所不同的是，铜的熔炼温度低而铁的熔炼温度高。使用熔炼铜的耐低温设备来熔炼高温液态铁，必然会因熔刷过快而造成炉龄过短。为此，在熔炼过程中需要不断增加砂量以提高耐火度和增加炉体厚度。经过战国中晚期短暂的改良，适应铁的温度及特点的熔炼设备和模范材料基本初创出来。再经西汉的早中期，熔炼铸铁的设备和工艺得到不断提高和完善，终于从西汉晚期到东汉，冶铁业得到空前大发展。主要体现在以下几个方面：

液态冶炼的大发展。战国晚期创造出由炭粉、砂粒和黏土混合的适合炼铁的黑色碳素耐火材料。汉代时水力成为鼓风的新动力，大大提高了鼓风量。炼铁炉内径扩大到短轴 2.9 米、长轴 4 米。这样的大高炉可能在六个特大铁官中各有一座。其他各铁官作坊中使用的是日产 0.3 ~ 0.6 吨的中型高炉。八十余座炼炉平均日产液态铁 24 ~ 48 吨，年产铁量之巨可想而知。这为液态铸铁提供了充足的铁水原料。宋代以后，炼炉改用高硅卵石材料，进一步提高了炉龄。

液态熔炼的大发展。战国晚期创造的三层材料构筑的熔铁竖炉经过提高和规范，到汉代时日熔化液态铁 0.3 吨左右。八十余座熔炉平均日熔铁 24 吨左右，铸器量非常可观。除大铁官作坊外，尚有一千多个县的小铁官作坊的熔炉。虽然熔炉容量较小，铸器量不及大铁官，但其总量也应十分可观。

硬型铸造的大发展。战国晚期形成的高产硬型有两种：一是近似陶质的泥模和泥范，二是铁模和铁范。泥范主要用于铸造生活用具；铁范主要用于铸造工具、农具和兵器。泥质硬型是多次使用的铸具；铁范是长期使用的永久性铸具。这类铸具可以周而复始的连续铸造铁产品，铸造速度快、产量高。战国晚期的铁工具量是每个劳动者人手三至五件，汉代的水平应超过此量。战国晚期仅是郡邑之地如此，而汉代的铁器进入大部分家庭。此种铸造技术到南北朝时，改直浇口浇铸为倾斜浇口浇铸，可减少固范设备和操作时间，进一步提高了铸造效率。

铁器质量的大发展。战国时期创造的退火脱碳的固态还原技术将性脆的白口铁成批量的退火成为可锻铸铁，但因脱碳炉的缺陷只能退出黑心或白心铸铁。汉代改用陶窑式退火炉，使退火质量大为提高，并可退出多种韧性铸铁。其中碳钢和高碳钢可提高刃具和锥具的锋利性；低碳钢可提高铁器的韧性，其他品种铁器适用于各种用途。汉代又发明炒钢，从而又新兴起锻造业。战国创造的板材和条材在汉代改进后，成为向众多边郡及小铁官作坊提供的主要生产原料。

铁官职官管理的大发展。继战国官营之后，汉代的职官管理更系统化。通过对铁官铭的研究，补充了铁官管理史的空白，并揭示出管理的系统性。《汉书》中仅记设铁官四十九个，铁官最多者为河东郡。经过冶铁遗址的发掘与研究，将铁官作坊数增加到八十个之多。根据铁官掌握的作坊数，将其分为特大铁官、中等大铁官、准大铁官等。

液态冶铁业带动社会的大发展。战国中早期液态冶铁虽然处于初期阶段，但随着冶铸技术的进步，促进不少诸侯国的经济发展，并出现七国争雄的政治局面。汉代液态冶铁的全面发展，带来整个汉王朝社会的繁荣。

此后，液态冶铁的进一步发展，推动了唐宋及元明时期经济社会的腾飞。

　　上述"液态冶炼——液态铸造成型——固态退火脱碳"三位一体的冶铁技术为中国所独创。由于东西方冶铁技术的巨大差别，两者的社会形态也产生了很大的差异。公元前6世纪，中国已开始熔铸铁器，尤其是农具和工具基本上全部采用生铁脱碳制作而成。在其后的两千年间，这种先进技术不断得到提高、完善和推广，推动了中国社会经济的发展。相比之下，西方国家在将冶铁技术改进到高温液态冶炼生铁之前，社会经济一直处于缓慢发展的状态。这个显著的差别表明，中国发明的液态冶铁新技术的重要意义应当得到重新评价。因此，作为人类发展进程中的第三块里程碑是中国创造的液态铁，而不是西方创造的块炼铁。

六

20世纪冶金考古的收获与展望

20世纪50年代河北兴隆战国晚期铁范的发现及河南巩县铁生沟和南阳宛城汉代冶铁遗址的考古发掘，是新中国冶金考古学的开端。60年代已有学者开始研究冶金技术史，70年代后期成立专门的研究机构，80年代研究论文接连问世，90年代研究专著不断出版，冶金考古学分支学科日益显著。

半个世纪以来，冶金考古虽取得丰硕成果，但已解决的课题有待进一步深化，提出的新问题尚待有序的开展工作。这成为冶金考古学的新任务和新目标。

中国铜和铁的起源，中国液态冶铜、冶铁和西方块炼铜、块炼铁两者产品效率与质量的量化对比，魏晋以后采矿、冶炼、铸造锻造及其他加工技术的缺环或空白，唐宋至明代钢铁技术的转变情况和如何推动社会发展等问题，有待在新世纪里得到解决。

金属中的金、银、铅、锡、锌等，虽然在古代经济领域中长时间发挥着重要作用，但它们的起源因素，采矿、冶炼、铸造锻造和其他加工，合金的起因和发展等，存在更多的缺项和空白。这同样是新世纪冶金考古学的任务。

据《汉书·食货志》记载，汉武帝时设十七个新郡及几个屯田郡，它们的财政全靠南阳郡和汉中郡的盐铁税支持。南阳郡是特大铁官郡，目前共调查出八个汉代冶铁遗址。但曾经作出同样重大贡献的汉中郡却未发现冶铁遗址。这是典型的地区性空白。

　　到目前为止，冶金考古研究成果有：湖北省黄石市博物馆编著《铜绿山古矿冶遗址》，江西省文物考古研究所编著《铜岭古铜矿遗址发掘与研究》，山西省考古研究所编著《侯马铸铜遗址》，河南省文物考古研究所编著《登封王城岗与阳城》中的《阳城铸铁遗址》、《巩县铁生沟》，河南省鹤壁市文物工作队编著《鹤壁鹿楼冶铁遗址》，北京科技大学冶金与材料史研究所著《中国冶金史》论文集（第一、二、三辑）、《中国冶金简史》，华觉明著《中国古代金属技术——铜和铁造就的文明》、《中国冶铸史论集》，苏荣誉等著《中国上古金属技术》，田长浒等编著《中国铸造技术史》、《中国金属技术史》，李京华著《中原古代冶金技术研究》（第一、二集）、《南阳汉代冶铁》（合著），中华文化通志编写委员会编著《纺织与矿冶志》，杨宽著《中国古代冶铁技术史》，夏湘蓉等著《中国古代矿业开发史》，凌业勤等著《中国古代传统铸造技术》，陈振中著《青铜生产工具与中国奴隶制社会经济》，谭德睿等著《艺术铸造》、《灿烂的中国古代失蜡铸造》，周卫荣等著《钱币学与冶铸史论丛》，河南省博物馆等著《汉代叠铸》等二十八部专题冶金考古报告、论文集和专著，包括了冶金考古的各个方面。此外，在《考古学报》、《文物》、《考古》、《文物与考古》、《华夏考古》、《中原文物》、《文物研究》、《东南文化》、《青铜文化研究》等期刊中，有更多的考古调查、考古发掘报道、专题研究报告等资料。期待在新世纪里，广大专家和学者能够撰写出更为系统的、高水平的、真正反映"里程碑"特点的冶金考古专著。

参考文献

考古报告与专著

1. 中国社会科学院考古研究所《辉县发掘报告》，科学出版社 1956 年版。

2. 陈直《两汉经济史料论丛·关于两汉的手工业》，陕西人民出版社 1958 年版。

3. 杨宽《中国土法冶铁炼钢技术发展简史》，上海人民出版社 1960 年版。

4. 河南省文物工作队《巩县铁生沟》，文物出版社 1962 年版。

5. 郭宝钧《中国青铜器时代》，生活·读书·新知三联书店 1963 年版。

6. 北京钢铁学院《中国冶金简史》编写组《中国冶金简史》，科学出版社 1978 年版。

7. 北京钢铁学院《中国古代冶金》编写组《中国古代冶金》，文物出版社 1978 年版。

8. 河南省博物馆等《汉代叠铸》，文物出版社 1978 年版。

9. 文物编辑委员会《文物考古工作三十年》，文物出版社 1979 年版。

10. 中国社会科学院考古研究所等《满城汉墓发掘报告》，科学出版社 1980 年版。

11. 杨宽《中国古代冶铁技术发展史》，上海人民出版 1982 年版。

12. 中国社会科学院考古研究所《新中国的考古发现与研究》，文物出版社 1984 年版。

13. 华觉明《中国冶金史论集》，文物出版社 1986 年版。

14. 夏湘蓉等《中国古代矿业开发史》，地质出版社 1986 年版。

15. 荆三林《中国生产工具发展史》，中国展望出版社 1986 年版。

16. 中国社会科学院考古研究所《殷墟发掘报告》，文物出版社 1987 年版。

17. 田长浒《中国冶金技术史》，四川科学出版社 1987 年版。

18. 谭德睿《灿烂的中国古代失蜡铸造》，上海科学技术文献出版社 1989 年版。

19. 陕西省考古研究所《姜寨——新石器时代遗址发掘报告》，文物出版社 1988 年版。

20. 湖北省博物馆《曾侯乙墓》（上册），文物出版社 1989 年版。

21. 湖北省荆沙铁路考古队《包山楚墓》，文物出版社 1991 年版。

22. 河南省文物考古研究所等《淅川下寺春秋楚墓》，文物出版社 1991 年版。

23. 广州市文物管理委员会等《西汉南越王墓》，文物出版社 1991 年版。

24. 河南省文物考古研究所等《登封王城岗与阳城》，文物出版社 1992 年版。

25. 山西省考古研究所《侯马铸铜遗址》，文物出版社 1993 年版。

26. 鹤壁市文物工作队《鹤壁鹿楼冶铁遗址》，中州古籍出版社 1994 年版。

27. 李京华《中原古代冶金技术研究》，中州古籍出版社 1994 年版。

28. 李京华等《南阳汉代冶铁》，中州古籍出版社 1995 年版。

29. 苏荣誉等《中国上古金属技术》，山东科学出版社 1996 年版。

30. 谭德睿等《艺术铸造》，上海交通大学出版社 1996 年版。

31. 河南省文物考古研究所《永城西汉梁国王陵与寝园》，中州古籍出版社 1996 年版。

32. 江西省文物考古研究所《铜岭古铜矿遗址发现与研究》，江西科学技术出版社 1997 年版。

33. 华觉明等《中国科技典籍研究——第一届中国科技典籍国际会议论文集》，大象出版社 1998 年版。

34. 中国社会科学院考古研究所《偃师二里头》（1959 年～1978 年考古发掘报告），中国大百科全书出版社 1999 年版。

35. 黄石市博物馆《铜绿山古矿冶遗址》，文物出版社 1999 年版。

36. 河南省文物考古研究所《郑州商代铜器窖藏》，科学出版社 1999 年版。

37. 华觉明《中国古代金属技术——铜和铁造就的文明》，大象出版社 1999 年版。

38. 河南省文物考古研究所《河南文物考古论集》，中州古籍出版社 2000 年版。

39. 河南省文物考古研究所《郑州商城》（1953 年～1985 年考古发掘报告），文物出版社 2001 年版。

40. 湖北省文物考古研究所《盘龙城》（1963 年～1994 年考古发掘报告），文物出版社 2001 年版。

41. 周卫荣等《钱币学与冶铸史论丛》，中华书局 2002 年版。

42. 李京华《中原古代冶金技术研究》（第二集），中州古籍出版社 2003 年版。

发掘简报与论文

43. 郑绍宗《热河兴隆发现战国生产工具铸范》，《考古通讯》1956 年第 1 期

44. 梓溪《谈几种古器物的范》，《文物参考资料》1957 年第 8 期。

45. 左华等《我国古代铸造方法若干资料和问题》，《铸工》1958 年第 6 期。

46. 《中国古代硬型铸造》，《铸工》1959 年第 3 期，译自苏联《铸造生产》1958 年第 2 期。

47. 杨根、丁家盈《司母戊大鼎的合金成分及其铸造工艺的再研究》，《文物》1959 年第 12 期。

48. 华觉明《中国古代铸造技术的发展》，中国机械工程学会铸造学

会编《中国机械工程学会第一届全国铸造年会论文选集》，中国工业出版社1964年版。

49. 耿宽平《对我国古代流传下来的冶铸炉探讨》，中国机械工程学会铸造学会编《中国机械工程学会第一届全国铸造年会论文选集》，中国工业出版社1964年版。

50. 周尧和《造型材料的退让性》，中国机械工程学会铸造学会编《中国机械工程学会第一届全国铸造年会论文选集》，中国工业出版社1964年版。

51. 阮崇武《金属型铸造中涂料对白口影响的探讨》，中国机械工程学会铸造学会编《中国机械工程学会第一届全国铸造年会论文选集》，中国工业出版社1964年版。

52. 佛山铸造厂《薄壳泥型》，中国机械工程学会铸造学会编《中国机械工程学会第一届全国铸造年会论文选集》，中国工业出版社1964年版。

53. 李纯一《关于歌钟、行钟及蔡侯编钟》，《文物》1973年第7期。

54. 李京华《汉代铁农器铭文试释》，《考古》1974年第1期。

55. 李众《中国封建社会前期钢铁冶炼技术的探讨》，《考古学报》1975年第2期。

56. 河南省博物馆等《渑池县发现的古代窖藏铁器》，《文物》1976年第8期。

57. 昌潍地区艺术馆等《山东胶县三里河遗址发掘简报》，《考古》1977年第4期。

58. 河南省博物馆等《河南汉代冶铁技术初探》，《考古学报》1978年第1期。

59. 关洪野等《两千年前有球状石墨的铸铁》，《球铁》1980年第2期。

60. 河南省博物馆新郑工作站《河南新郑郑韩故城钻探与试掘》，《文物资料丛刊》1980年第3期。

61. 中国冶金史编写组等《关于"河三"遗址铁器分析》，《河南文博通讯》1980 年第 4 期。

62. 孙淑云、韩汝玢《中国早期铜器的初步研究》，《考古学报》1981 年第 3 期。

63. 洛阳市博物馆《洛阳北窑西周遗址 1974 年度发掘简报》，《文物》1981 年第 7 期。

64. 中国社会科学院考古研究所《陕西永寿出土的汉代铁农具》，《农业考古》1982 年第 1 期。

65. 中国社会科学院考古研究所河南二队《河南临汝煤山遗址发掘报告》，《考古学报》1982 年第 4 期。

66. 潮见浩《东亚早期铁文化》，吉川弘文馆刊行，1982 年。

67. 代晓玲等《中国古代球墨可锻铸铁的研究》，《河南冶金》1983 年第 2 期。

68. 河南省文物考古研究所《河南淮阳平粮台龙山文化城址试掘简报》，《文物》1983 年第 3 期。

69. 韩汝玢、于晓兴《郑州东史马东汉剪刀与铸铁脱碳铜》，《中原文物》1983 年特刊。

70. 桥口达也《再谈关于早期铁制品的两、三个问题》，《日本制铁史论集》，1983 年 12 月。

71. 李京华《试论中国古代青铜器的起源》，《史学月刊》1984 年第 1 期。

72. 李京华《河南古代铁农具》，《农业考古》1984 年第 2 期。

73. 吴坤仪、李京华等《沧州铁狮的铸造工艺》，《文物》1984 年第 6 期。

74. 中国社会科学院考古研究所山西队等《山西襄汾陶寺遗址首次发现铜器》，《考古》1984 年第 12 期。

75. 李京华《钟䗖钟隧新考》，《文物研究》1985 年第 1 期。

76. 孙淑云《当阳铁塔铸造工艺的考察》，《文物》1985 年第 1 期。

77. 李京华、韩汝玢《巩县铁生沟汉代冶铁遗址再探讨》，《考古学报》1985 年第 2 期。

78. 李京华《关于中原地区早期冶铜技术及相关问题的几点看法》，《文物》1985 年第 12 期。

79. 郑州市博物馆《郑州古荥镇汉代冶铁遗址发掘简报》，《文物》1987 年第 2 期。

80. 史华邦《河南确山汉代郎陵古城冶铁遗址的新发现》，《考古与文物》1987 年第 5 期。

81. 佐佐木稔《古代的铁》，《日本古代的铁生产》，1987 年度炼铁与鼓风研究会大会资料。

82. 任常中、王长青《河南淅川下寺春秋云纹铜禁的铸造与修复》，《考古》1988 年第 5 期。

83. 李京华《古代西平冶铁遗址再探讨》，《中国冶金史料》1990 年第 4 期。

84. 河南省文物考古研究所《南阳瓦房庄汉代冶铁遗址发掘报告》，《华夏考古》1991 年第 1 期。

85. 李京华《河南鹤壁市故县战国和汉代冶铁遗址出土的铁农具和农具范》，《农业考古》1991 年第 1 期。

86. 河南省文物考古研究所等《河南省五县古代铁矿冶遗址调查》，《华夏考古》1992 年第 1 期。

87. 谭德睿《植物硅酸体及其在古代青铜器陶范制造中的应用》，《考古》1993 年第 5 期。

88. 河南省文物考古研究所等《灵宝秦岭古代金矿调查》，《华夏考古》1994 年第 1 期。

89. 李京华《东周编钟造型工艺研究》，《中原文物》1999 年第 2 期。

90. 河南省文物考古研究所《河南鲁山望城岗汉代冶铁遗址 1 号炉发掘简报》，《华夏考古》2002 年第 1 期。

后　记

　　作为《20世纪中国文物考古发现与研究》丛书之一的《冶金考古》，要求是很高的。虽然作过多年的冶金考古调查、考古发掘与研究，但笔者不是本科出身，也没有经受过专业培训，仅是一位美术大专生。进入文物考古部门原计划是从事美术考古的。由于种种原因，最后只好跳槽搞了冶金考古。

　　冶金考古的种子，是笔者在全国第二届考古工作人员训练班上，从"石器时代、铜器时代、铁器时代"的"三期"理论中领悟到的。1960年，笔者主持了河南南阳宛城汉代铸铁遗址的考古发掘工作，并借此机会重温了"三期"理论中铜和铁在人类社会发展中的重要作用。但具体作用如何却不是用简单答案所能解决的课题。

　　从研究角度考虑，从事冶金考古工作必须具备丰富的社会科学和自然科学知识。怎么办？只有横下心来从头学习。笔者先后阅读了《中国古代冶铁技术发展史》、《陶瓷工艺学》、《木模基础知识》、《冶炼基础知识》、《金相学》等，并多次带着问题到土法冶炼厂、土法铸造厂实际考察和交流，同时向专家学者请教。此外，合作研究、联合考察也是学习的有效途径。

　　在本书的撰写过程中，得到河南省文物考古研究所领导的重视和支持，在此一并致谢。

封面设计/ 张希广

责任印制/ 张道奇

责任编辑/ 张晓曦

图书在版编目（CIP）数据

冶金考古/李京华著. –北京：文物出版社，2007.1
（20 世纪中国文物考古发现与研究丛书）
ISBN 978 – 7 – 5010 – 2053 – 9

Ⅰ. 冶… Ⅱ. 李… Ⅲ. 古冶金术-考古-研究-
中国 Ⅳ. TF1

中国版本图书馆 CIP 数据核字（2006）第 141987 号

20 世纪中国文物考古发现与研究丛书

冶 金 考 古

李京华/ 著

文 物 出 版 社 出 版 发 行
（北京市东直门内北小街 2 号楼）
邮编：100007

http：//www．wenwu．com
E – mail：web@ wenwu．com

北京美通印刷有限公司印刷

新 华 书 店 经 销

850 × 1168 1/32 印张：7
2007 年 1 月第 1 版 2007 年 1 月第 1 次印刷
ISBN 978 – 7 – 5010 – 2053 – 9 定价：28 元